国外城市规划与设计理论译丛

城市漫步：
公共空间共享手册

[法]让－雅克·特林 著

高 捷 黄 洁 译

中国建筑工业出版社

著作权合同登记图字：01-2018-4952 号
图书在版编目（CIP）数据

城市漫步：公共空间共享手册 /（法）让 - 雅克·特
林著；高捷，黄洁译 . -- 北京：中国建筑工业出版社，
2024.11. --（国外城市规划与设计理论译丛）.
ISBN 978-7-112-30479-0

Ⅰ . TU984.11

中国国家版本馆 CIP 数据核字第 2024ZJ0523 号

Le Piéton Dans La Ville / Jean-Jacques Terrin
Copyright © 2011 Editions Parenthèses/GIP AIGP
Translation copyright © 2024 China Architecture & Building Press

责任编辑：姚丹宁
责任校对：王　烨

国外城市规划与设计理论译丛
城市漫步：公共空间共享手册
　[法] 让 - 雅克·特林　著
　　　高　捷　黄　洁　译
　　*
中国建筑工业出版社出版、发行（北京海淀三里河路9号）
各地新华书店、建筑书店经销
北京雅盈中佳图文设计公司制版
北京中科印刷有限公司印刷
　　*
开本：787 毫米 × 1092 毫米　1/16　印张：12¼　字数：191 千字
2025 年 6 月第一版　2025 年 6 月第一次印刷
定价：**68.00** 元
ISBN 978-7-112-30479-0
　　　（43777）

目　录

前　言

POPSU 机构简介

　　POPSU 致力于为发展中国家提供先进案例和经验，以应对当前地方性规划面临的挑战。从 2004 年起，POPSU 对法国重点城市的实施项目进行了长期研究和持续监管。其范畴涵盖：促进相关利益群体与跨学科研究者之间的互动；对比规划和管理的不同模式，以提升实施效果；组织数场研讨会，发布重要研究成果，推动跨学科和跨专业的合作，促进知识与经验的共享。

POPSU 机构在欧洲的工作概览

　　虽然 POPSU 的工作始于法国，但其视野自创设便跨越国界，立足整个欧洲大陆，专注于那些对城市和社会产生深远影响及巨大变化的开发建设项目。项目管理是其核心工作之一。POPSU 的项目规划是以目标为导向，明确特定时间期限内的行动框架，通过推动多方协商，实现价值的共创与共享。

　　2009 年，POPSU 以"高铁（HST）车站与城市更新动力"为主题，组织了两届研讨会，吸引了巴塞罗那、里昂、马赛、鹿特丹和都灵等城市的积极参与。同年，在鹿特丹市举办的"鹿特丹全球城市峰会"（11 月 3 日至 4 日）上，POPSU 对外展示了这两期研讨会的成果，并将这些成果整理成册，收录于《轨道站点与城市活力：加速》（*Railway Stations and Urban Dynamics：High-Speed Issuesl*）一书中。

研讨会主要内容

　　2010 年，POPSU 研讨会以"公共空间开发的新模式：步行与其他交通方式的融合共享"为主题，分别在巴黎（9月16~17日）和维也纳（11月25~26日）举办了两期。来自阿姆斯特丹、哥本哈根、洛桑、伦敦、里昂、巴黎和维也纳这些城市的代表参与了此次会议。

会议的组织策划与主题设定由三位专家担纲：丹尼尔·瓦拉布莱格（Danièle Valabrègue），法国国家城市建设规划处（PUCA）主任；让-雅克·特林（Jean-Jacques Terrin），凡尔赛国立高等建筑学院教授及POPSU科研总监；以及让-巴蒂斯特·玛丽（Jean-Baptiste Marie），凡尔赛国立高等建筑学院研究所博士和建筑师。会议由四位专家主持，他们分别是：让-皮埃尔·夏邦努（Jean-Pierre Charbonneau），城市规划顾问；凯瑟琳·福雷特（Catherine Foret），科学顾问；布鲁诺·马茨洛夫（Bruno Marzloff），Chronos智库的科研人员与负责人；维罗尼卡·米肖（Verronique Michaud），巴黎独立运输公司计划运营与创新设计团队的城市与网络专家。[1]

参会的城市代表普遍认同，公共空间是交通出行的基石。通过对欧洲各城市公共空间开发模式的比较研究，可以更为清晰地展示如何实现步行与其他交通方式的空间共享。[2]在新的发展背景下，步行交通已成为开发政策和建设项目中推动空间共享的关键因素。会议在讨论城市交通时强调，步行不仅是一种交通出行方式，更是其他各交通模式相互联系、实现换乘的重要选项。会议期间，代表们还讨论了跨专业研究的实施路径，扩大研究成果的应用范围，以及如何提升交通与商业、娱乐、文化和休闲等活动的联系。书中展示的案例与研究成果主要包括以下三个方面：

1. 多种交通模式共享公共空间的战略研究

城市战略与实施计划可以分为哪些类型？城市战略如何获得广泛的认同，并有序推进？是以规划建设为主，还是应该侧重公共空间管理？如何结合地方行动计划，将城市战略的内容转化为具体制度？公共空间开发项目的规模与程序应该覆盖哪些区域，是包括大都市区、紧凑型城市、中心区、街区，城市大道，还是应限定在公园和水域等特定范围？城市战略的实施重点是否应聚焦于历史保护区和城区内的步行空间，还是应拓展至其他功能片区？

1　会议及主题相关信息，详见：官方网站。
2　作者认为，公共空间最终是为步行者服务，在紧凑城市中更是如此。

2. 构建步行标识系统，联系并创造新的共享空间

公共空间该如何回应不同使用群体（如男女、老幼、残障等）的需求与出行偏好（步行、机动车、公交、快递、摩托车或自行车）？如何平衡步行交通的舒适性与安全性？步行如何与其他交通和城市功能并存或相连？公共空间如何整合散步、购物、消遣、休闲、文化等其他步行活动？

共享空间的开发建设不仅要综合考虑社会需求、交通可达性、安全舒适性和公共安全等要素，还要明确和关注设计、技术、科技和管理领域的变革方向，从城市设计、街道家具、铺装材质，到街道标识系统、城市地图、网络终端、通信信息和交流技术等领域，都要考虑如何为行人提供更好的服务。

3. 城市公共空间治理与指引类型

在交通出行与换乘中，欧洲的城市采用了哪些技术与管理手段？在公共空间的限速和分时管理中，又采用了哪些具体做法？哪些技术和工具有助于人们更深入地了解步行现状与潜在需求，以及洞察在开发建设中需要优先解决的问题？是否存在更科学、合理的定量或定性辅助技术？在开发建设项目中，应采用什么样的方法和程序，确保不同利益群体进行有效协商、咨询、合作，或激发他们的积极参与？冲突和调停包括哪些管理类型，比如，在战略规划阶段还是实施阶段，城市管理部门会采取什么样的措施？这些措施是否适用于当地城市特色与开发项目需求？

第 1 章

公共空间与可达性

高速与慢行

2010 年的 9 月和 11 月，POPUS 分别在巴黎和维也纳举办了同一主题的两场研讨会，来自欧洲 7 个城市的代表共同探讨了城市步行空间及其相关议题。在此，编者愿引用瓦尔特·本杰明（Walter Benjamin）在《巴黎——19世纪之都》（*Paris—Capital of the Nineteenth Century*）中的一句经典："城市实现了人类对于迷宫的古老梦想。悠闲的漫步者置身其中，却浑然不觉。"然而，论及城市中的步行，我们还是要回归现实。这样的讨论极易陷入一种二元对立的幻想之中，要么是对速度的狂热追求要么是对缓慢节奏的向往。这对矛盾长期以来塑造了现实中的城市交通体系。

速度，自古以来便是人类不懈追求的目标。人类不断突破速度的极限。是社会所有领域的技术进步和社会分工加速了世界运转，推动了速度的发展：从邮递马车到高速列车，从小帆船到太空舱，从电报到互联网，从银版照相到数码相机。速度不仅让人类神话中的想象成为可能，如从水星到超人上的神速般的飞跃，还催生了众多传说与故事：从伊卡洛斯（Icarus）悲剧到康考迪亚（Concordia）和谐精神，再到《未来主义宣言》。速度在文学、体育、广告等领域展示出了多种形式，如拉威尔－波莱罗舞曲（Ravel's Boléro，1928）便是一例。德国社会学家哈特穆特·罗萨（Hartmut Rosa）将"伟大的加速浪潮"划分为两个阶段：第一阶段为 1890 年至 1910 年，人类社会经历了全面的"速度革命"；第二个阶段是 1980 年至 1990 年，政治变革和数码科技发展推动全球化进程，快餐文化、快速阅读、速配交友、快闪行动、小憩文化等新兴现象层出不穷。在短短 30 年的时间里，社会各阶层的生活节奏发生了极速变化，人们创造出大量新词来描绘这些不断涌现的各项琐事。

然而，人类依旧无法割舍悠然自得、不疾不徐的情怀——这是浪漫主义艺术创作中"必要的恶"。瓦尔特·本杰明曾提到，19世纪40年代的巴黎，在城市拱廊街漫步是一种时尚，仿佛（这样的行为）是对当时追求速度潮流的一种反抗。

法国作家拉尔博·瓦莱里（Larbaud Valery）在1930年发表于《大道》（Grand'Route）杂志的一句评语恰如其分地描绘了当下的状态："谁知道呢，也许我们终将厌倦对速度无止境的追求？"过去十年里，人类对慢速生活的需求也开始增长：1920年出现的"慢食宣言"最初是作为对抗快餐文化的一种方式，现已成长为多元化的生活网络。法国和加拿大的"慢食宣言"协会设立了全国性的"慢生活日"，鼓励成员重新发现并珍视"每一天的价值"。"慢速"理念不仅是阿姆斯特丹"城市红地毯"片区改造和伦敦公共空间步行环境整治的设计原则，而且为城市提出了一种公共空间共享的全新理念。米兰·昆德拉在《慢》（La Lenteur）一书中写道："慢速与记忆、快速与遗忘，它们之间存在着某种神秘的关联。"

迄今为止，手工艺者（所代表的）的慢节奏依然难以与大众对速度的追捧相抗衡。社会学家布鲁诺·马茨洛夫（Bruno Marzloff）认为：我们在现实中很难确保慢行优先，也无法保证完全支持弱者而不是强者，彻底地拥护人

"在云端"西蒙娜·德·波伏瓦（Simone de Beauvoir）人行桥，法国巴黎

类而非机械。而哈特穆特·罗萨则认为，交通方式的发展让时空长期处于频繁的更迭与变换之中："自 18 世纪起，空间已被压缩了 1/60"。在这场"快"与"慢"的较量中，两者所代表的价值观念更加凸显了当前公共空间和交通项目的重要性。

机动性与可达性

在短短数十年间，交通语义中的公共空间不断调整：起初使用的是"活动"（movement），随后是"移动"（mobility），进而更多地谈论的是"可达"（accessibility）。"活动"一词体现了技术特性，而"移动"则蕴含了法律层面的内涵，宣示了一项基本人权。按经济学家的说法："个体通行能力会限制或扩展其认知与发展的可能性。"至于"可达"，是代表了一种立足当下的时空观。换言之，公共空间经历了技术发展和社会资源分配不断演变的过程。

"移动"可以很好地衡量社会发展多个维度。从移民、征战、入侵、贸易、朝圣、探险、殖民，到知识与文化传播，以及对人口、货物、版图、观念、思维方式等流动和迁移的表述都属于这个范畴。"移动"一直被视为创造利润的过程和源泉，而"不可移动"或"不易移动"则象征着倒退、萧条、文化缺失。随着人们对空间迁移行为逐渐形成共识，"移动"的权利也逐步确立为一项基本人权。社会的发展进程中，"移动"还意味着获得居住、工作、教育、文化、健康及休闲等权利。而"不可移动"通常暗示着存在排他性。法国城市规划师弗朗索瓦·阿舍尔（François Ascher）指出："正如霍布斯所言，移动能力是一种与现代社会发展紧密相连的自由，而且比过往更为复杂。"交流互换奠定了我们目前所追求的价值基础——个体主义、全球化、城市生活多元发展、知识共享，等等。无论这些行为是属于个人还是集体，属于文化交流还是商业交换，或者是信息交互，在现实生活中，"移动"被视为现代社会进步的象征。此外，在这个瞬息万变的时代背景下，交流与互换行为亦是维系社会平衡的重要手段（就像骑自行车时一旦停止蹬踏，骑者便会失衡跌倒）。

"移动"也是造成群体性或个体间冲突的根源。高能耗的机动车不仅是引

"自行车的夏装"，丹麦哥本哈根

发温室效应和气候变化的重要污染源，同时还肆意侵占了理应均衡分配于各类活动的公共空间。换句话说，通常看似难以兼容或易生冲突的交通模式之间，实则潜藏着更为公平合理的空间分配方案。

　　本书旨在通过丰富多元的设计理念和原则，阐明"移动"议题的复杂性，并提出相应的管理策略。因此，从社区、大都市区到城镇群，在这些相互交织的空间中来理解"移动"的概念就变得至关重要。无论是城市或是大都市区的发展，还是全球化的变迁，都需要为人、物、信息提供多种"移动"方式，并保证新的移动类型能有序运行。比如，欧洲许多城市的中心区已经显现出交通出行状况改善的迹象。科学技术的发展与应用为信息传递及获取提供了前所未有的便捷，进而促进了商品的流通，这看似可以减少个体出行，然而，事实却是，新增的机动车交通污染反倒超过了原私家车的水平。例如，从巴黎中心城区来看，尽管网络购物减少了个体出行，可是机动车运输（含市政和公共服务类的汽车与摩托车）交通量反倒增加了20%至25%。

　　基于"移动"问题的探讨，城市空间的设计与管理引出了以下两个方面的思考：一方面，民主政体与城市社会应确保民众的移动权，这意味着道路网需要继续扩展，基础设施建设模式应更加多元。正如弗朗索瓦·阿舍尔所解释的，人类社会将逐渐进入超文本时代——他在隐喻中清晰地描绘了，即使没有信息通信技术的帮助，个体也可以从一个地点迁移到另一个地点，从一个媒介切换至另一媒介，通过在不同环境之间的转换来确定自我定位；另一方面，城市必须探索管控"移动"的方法，有效地遏制无序蔓延，并找到解决交通污染、减缓气候恶化、降低温室气体排放的对策，抑制机动车的能源滥用，并消除噪声对城市生活品质的负面影响。除了上述两项主题，"移动"本身也面临着瓶颈。比如，城市交通的基本原则常与城市安全需求相冲突，特别是在实施安全性禁令或设置防护性设施或围栏（包括实体和通透的形式）以隔离特定城市空间、社区或建筑情况下尤为突出。

城市规划的核心工作在于化解这些矛盾，为提升公共空间的可达性（涵盖场所、观念和信息）与通行能力提供更合理的解决方案。

共享城市公共空间

米歇尔·卢索尔（Michel Lussault）认为"公共空间的最基本特征在于其可达性"。按照这个说法，公共空间可以定义为：组织人、物、信息、交互等要素的通行流线与流量的场所。在曼纽尔·卡斯特尔（Manuel Castell）看来，"流空间"的特征就是"结构缺乏中心，依靠短暂的聚集和可逆的结果，按不稳定的网络层级进行运转"。道路体系决定了城市的可达性，因为"街道造就了城市"。正如弗朗索瓦·阿舍尔和米雷耶·阿佩尔－米勒（Mireille Apel-Muller）十年前在城市交通空间主题的世界巡回展中所言，"街道属于我们每一个人"。与雷姆·库哈斯（Rem Koolhaas）的观点截然相反，街道并未消亡，反而充满活力，并且展现出杰里米·里夫金（Jeremy Rifkin）所述的"同理心文明"（The Empathic Cinilization）特征。因而，公共空间反映了不断增长的都市需求。

相较于街道，公共空间的概念直到最近才出现在现实生活中，相关讨论模糊且分散，涉及历史、法律、文化、技术等不同维度和切入点。公共空间既可以是道路、广场、空地和公园，也可以是公共或私有的车站、集市、停车场、绿地或水域。公共空间往往聚集了城市中的多种活动，包括：换乘、通行、集会、游览、休闲和表演等，是人们进行"面对面"交流的场所；各

日常道路交通

2008 年巴黎海滩节：街道空间
被改造为临时休闲活动场所

类交通网络在此交织；铺装材质各异，路面水平不一，规模、尺度（邻里单
元、社区、城市）、联系方式和通行速度等均不相同。

　　公共空间生动地展现了城市中各种利益冲突、纷争与矛盾。瓦尔特·本
杰明曾写道："铺设人行道无疑符合那些使用小汽车和马车的人的利益"。不
同利益群体间的冲突在城市规划领域里会物化为肆意横行的种种障碍：护栏、
边界、监控系统、交通分隔栏、无法绕行的路桩、交通分隔政策——更不用
说桥梁、交通设施和连接通道。然而，公共空间作为城市生活的场所，是体
现都市品质的基础。

德索拉·莫拉莱斯（Ignacio de Solà-Morales）曾说，都市生活存在于公共空间之中。这句话暗含了城市空间的复杂性。融合了技术、社会与文化等多种要素，展现出生动、鲜活且充满梦想的面貌。让－皮埃尔·夏邦杰（Jean-Pierre Charbonneau）也曾指出，公共空间还承担了经济功能，是构成城市吸引力的一部分；还具备社会与文化功能，是城市提供公共服务的场所。正是这些公共空间才让我们"生活在城市"（Vivre la Ville），享有安全、舒适、美好的城市生活，满足各式各样日常或临时活动的需求。以车为本的公共空间建设风潮始于包豪斯的巴黎改造计划。

今天，城市道路应对原有的等级化结构体系进行完善，合理分配不同交通模式的空间资源。比如，道路铺装以人行空间为核心，可以让机动车通行更顺畅，在私家车、公交系统与其他交通之间实现新的平衡。街道中的行人、骑行者、公交乘客或是小汽车驾驶者均能遵循现代文明的准则。

给步行者的城市空间

政治空间

从早期城市起，公共空间就是城市政策关注的焦点，其历史可追溯至古希腊集市与古罗马广场。瓦尔特·本杰明曾述："漫无目的的闲逛实则是对劳动分工的一种无声抗议。"与布宜诺斯艾利斯"五月广场母亲"运动（Mothers of the Plaza de Mayo）[1] 如出一辙，突尼斯与开罗的公共空间也时常成为行人组织活动的舞台，而西班牙的伊比利亚街道，不定期举行的"砂锅"聚会活动打破了日常刻板生活。简·雅各布斯（Jane Jacobs）在 1961 年曾指出："良好的街道空间能激发行人之间一种独特的情感联系。"同样，阿尔伯托·萨托里斯（Alberto Sartoris）在其著作《自下而上的全球化》（*Globalisation from Below*）中所述："多元化的进程带动了全球网络体系的演进，城市、区域和国家基于共同的社会价值观，形成了稳定但无层级之分的关系"。此外，在 20 世纪 70

1　五月广场位于阿根廷首都布宜诺斯艾利斯。这里不仅是这个城市的心脏地带，也是阿根廷的政治活动中心。每周都有抗议活动在此举行，其中"五月广场母亲"（Mothers of the Plaza de Mayo）发起的示威活动最有名。

2010 年法国里尔停车日活动在车位上的装置

年代，纽约的城市公共空间（通常是非正规或非正式的）在自发性改造活动下蓬勃发展，促进了城市边缘地区的复兴。之后，这类自发性改造行为得到伦敦、阿姆斯特丹和温哥华等城市议会的鼓励与认可，逐渐发展成为城市公共空间发展的一项补充性措施。许多欧洲城市秉承旧金山"城市停车日"的精神，对城市现有的步行区和公共空间进行了重新审视，其中包括将混凝土的停车场改造成环境友好的临时性绿色空间等倡议。

维也纳案例是另一种"自下而上全球化"的典型样本。1992 年伊娃·凯尔（Eva Kail）创立了维也纳"妇女事务促进与协调部"[1]，通过收集到更全面的公共空间基础数据和改造后的日常信息，打破了以往对女性的社会偏见：比男性更细心，更擅长理解不同群体（从儿童到老人）的需求，并能更积极地回应公共空间使用现状和改造意愿等问题。在此基础上，维也纳城市议会（源于女性群体压力的推动）成立了常设机构，与城市规划开发部门紧密协作，共同处理日常生活议题：学前教育、规章制度、公共空间设计、公共设施的运营和选址、城市住房等。这类街道使用导则就如维罗尼克·米肖（Véronique Michaud）所述："主动调整规范去适应生活方式的变化、应对交通运输领域的革新、重新恢复城市空间与交通模式之间的平衡。"

1　Department for the Promotion and Coordination of Women's Affairs.——译者注

多功能空间

巴黎公共交通运输公司（RATP）的规划与创新设计小组负责人乔治·阿马尔（Georges Amar）曾指出："步行，是城市交通的干细胞"。他认为，步行是人类最原始的出行方式，不仅是城市交通体系的重要组成部分，也是其他交通方式的起点。在 Rhizome-city[1] [如《千高原》（*A Thousand Plateaus*）[2] 一书中所描绘的阿姆斯特丹市]这类"根茎城市"的道路网络和复合功能场所[3]中，除了常规街道中的出行，步行还具有促进"个体场景的特征"——即，步行者的个人能力提升，可以引导并塑造群体及其行为。

公共空间中的行人，宛如最当红的演员，以最亲民的姿态表现出形形色色的行为举止、城市特性、种族文化，甚至传递出不同的感观体验。索

德国汉诺威赫伦豪斯花园，2010 年 6 月 27 日

37 人安静地慢步，用时 1 个小时穿越矩形草坪
"向四方行走"，汉密斯·富尔顿（Hamish Fulton）的艺术作品

1　Rhizome-city，根茎城市。——译者注
2　由 Gilles Deluza 与 Felix Guettari 合著。《千高原》一书借用地理学上的"原"概念取代传统书籍中的"章节"概念，虽然每一"原"都标明日期，但不同"原"的时空相互叠、巧合、分支延展构成了多元互联、流转多变的共振域，高低不同的千面高原之间隐伏着纵横交错的指涉性话语。——译者注
3　Place polygamy：Ulrich Beck 针对当前场所从地理区位和时间特征中分解出来的趋势所采用的相关定义。——译者注

美国纽约时代广场

日本涩谷

尼娅·拉瓦迪尼奥（Sonia Lavadinho）从城市感官体验与创新性行为方面阐述了"共同移动"的重要性，将"身体语言"的概念引入城市空间研究。她认为，步行是一种与其他象征性行为相兼容的方式。即便是日常步行活动，形成高密度聚集地行走也是某种艺术创作。英国艺术家哈密什·富尔顿（Hamish Fulton）也将步行视为一种创造力："步行是一种经验。"而加布里埃尔·奥罗斯科（Gabriel Orozco）在其《步行城市》（*Walking City*）一书中表述："步行城市，是现实世界的另一个名字。"当鹿特丹市在城市新中心引入"城市客厅"这个概念时，就是对这种步行理念的认可。类似的项目还有阿姆斯特丹的"红地毯计划"，以及巴黎的"塞纳河沿线改造——日开月落，四季更替交换，河岸共享让人们重新认识城市"。而历史、现实与未来的交互路径、中间场所和偶然事件构成了这类项目的基础。

超文本空间

"移动"在现代社会，是以知识经济和互联网电子商务发展为基础。现代社会的"移动"又产生并加剧了社会差异与歧视。在此背景下，可达性成为非常重要一项要素[1]。随着通信设备的普及，步行个体或群体得以行驶"成为具有完整角色的城市演员"的权利。虽然步行装备仍以适应出行环境为主——舒适的鞋子、衣服、背包或行李箱、雨伞、太阳眼镜——但现在还包括了手机、MP3播放器、便携笔记本或IPOD。当人们携带着这些装备穿梭于物质环境与和心理要素相互交织的城市公共场所时，一方面，个体的空间脱离与精准定位同时得到强化；另一方面，个体可以用前所未有的超文本方式，发送或接受音像、文字与音频文件。可以说，无论是在纽约时代广场，还是在东京涩谷，或者欧洲那些小尺度的公共空间，城市生活与步行数据和信息流已密不可分，建筑与媒体成为了新城市生活方式中不可或缺的一部分。而关于信息获取、服务及其影响是否会取代商业 / 私人汽车交通的问题，人们已争论了数十年之久。

结论

当前，这些欧洲城市研究议题不仅是城市发展战略的核心工作，也是多次研讨会探讨的焦点。从已汇编成册的研讨会论文来看，研究主要包括以下三个方向：

首先，探讨城市和城镇群有哪些公共空间开发战略和项目？这些项目是如何精心安排和组织的？采用了哪些的公众参与方式或项目示范路径？如何通过项目与公共管理、规章制度落实城市开发战略？如何整合总体战略与地方行动之间的关系？

其次，关注如何整合公共空间的不同用途——是从"文化"的维度（如行人、摩托车驾驶者、公交乘客、自行车使用者和当地居民等），还是从用户

---

1 ASCHER·F《城市主义的新原则》，2001年，第31页、47页。

的角度（如男性、女性、残障人士、儿童等）？如何提升步行的舒适性（如
街道设计、可达性、互动性等）？步行与其他交通模式（如汽车、公交、
自行车等）如何衔接？不同时空、地点的公共空间用户之间存在什么样的
联系？

最后，鉴于城市空间的社会功能发生巨大的变化，研究还着眼于项目开
发过程中出现的新概念、新技术，以及工艺、管理中的创新？同时，探讨项
目实施过程中所采用什么工具——可能是科技类型的（涉及数量或质量），也
可能是与调查、建造或预测工作相关的。此外，还关注哪些工具可以提升公
共空间的步行可达性（如地图导航、ICT、标识系统等）？

本书以 POPSU 的欧洲城市项目为例，对当前城市发展中的这些重要问题
进行了回应。

城市项目

第 2 章

阿姆斯特丹：城市公共空间改造计划

阿姆斯特丹的郊区和城区具有鲜明的欧洲大都市成长特征。在 2007 年的大都市区规划中，阿姆斯特丹不仅着眼于城市空间发展与开发建设的长期战略和近期措施，包括居住、就业、娱乐、交通、福利设施与可持续发展等多个维度，还展望了 2040 年的发展愿景。

城市及其周边地区的道路交通管理，以及街道空间设计，是城市发展中的一项关键性议题。本章主要介绍阿姆斯特丹市"红地毯"计划和威斯珀广场（Weesper Square）。前者是结合城市南北向地上轨道线改造的项目；后者是城市中重要的公共空间之一，位于地铁、有轨电车聚集的枢纽地区，紧邻阿姆斯特丹大学和阿姆斯特丹应用科学大学。当这两所大学计划在此处合建一处新的阿姆斯特丹校园，如何在新建项目顺利推进的同时，保持威斯珀大街（Weesper Street）作为城市主干道的功能，在交通运输通畅的基础上提升地区的吸引力，成为该项目的一个重要内容。

在规划的 20 年中，阿姆斯特丹计划在内城新增 7 万套住房。这无疑将对城市公共空间与道路交通带来前所未有的压力。

阿姆斯特丹的中心区（即运河区）古老且繁华，至今仍聚集了多种重要的经济功能，居住与就业人口约 8 万人。中心区街道极其狭窄，但多种交通方式均可便捷抵达。中心区良好的可达性得益于城市采取的多项措施：增强步行环境舒适度、规划安全的自行车道、提升公共交通服务水平、减少机动车交通出行、实施严苛的停车政策、建设高品质的基础设施。同时，越来越多的游客将非机动车作为出行的首选方式。整体上，1991 年至 2001 年，城镇密集区的可达性显著提升，而小汽车交通量则减少了 19%。例如，阿姆斯特丹全市范围内的家庭小汽车拥有率仅为 37%，市中心更是低至 29%。这一成就都得益于中心区区议会制定了方向清晰的交通政策：赋予步行第一优先权。即，交通模式按优先级从高到底依次为：步行、自行车、公共交通，最后为私人小汽车。

中心区功能外溢也会增加自行车与步行交通的空间需求。例如，阿姆斯特丹新建轨道交通，线路自北向南穿过艾河（IJ），直达阿姆斯特丹中央车站，这不仅提升了城区与外围地区、车站、机场之间的通行效率，也提升了市中心的生活品质。从城市发展来说，对大型交通枢纽的投资也得到优化提升，特别是与步行者和游客相关的公共空间。"红地毯"项目中就包括了重新组织新建轨道线周边地区的地面交通。

阿姆斯特丹现行交通政策高度重视城市公共空间规划与设计。早在 2010 年城市新政府组建期间，就曾提出设立小汽车低密度区的构思。尽管这一构

威斯珀广场上的人行横道线

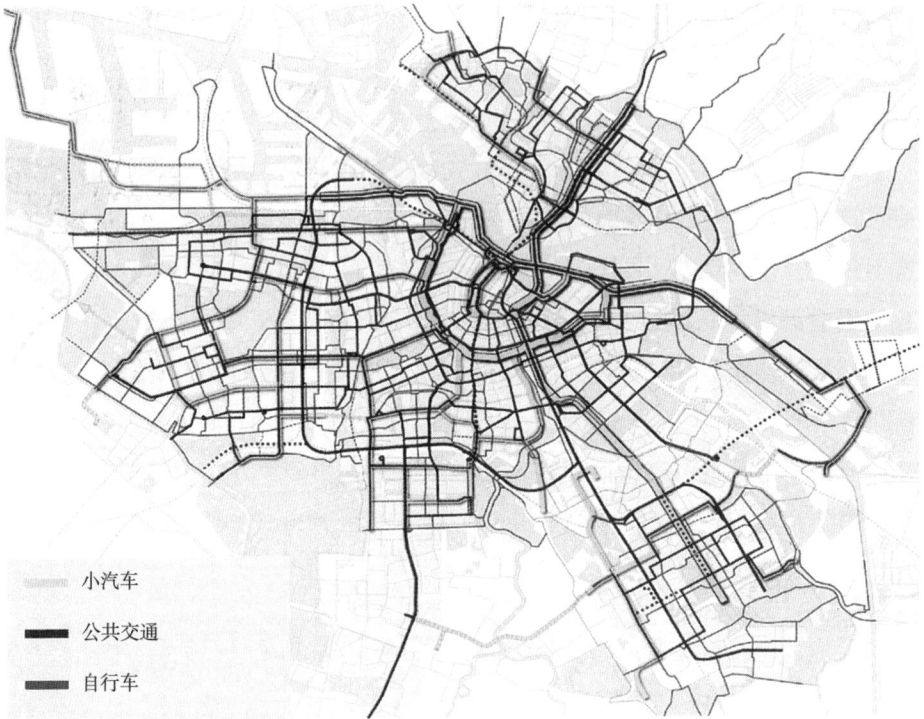

阿姆斯特丹，道路交通主干网

图例：
- 小汽车
- 公共交通
- 自行车

阿姆斯特丹不同交通模式的比例　　　　　　　　　表 2-1

自行车		
	自行车总量	550000
	拥有自行车的人口占总人口比例为75%	
小汽车		
	小汽车总量	218000
	拥有小汽车的人口占总人口比例为37%	
公共交通		
	19%的人购买季卡	
	66%的人会经常使用公共交通	
	15%的人从不使用公共交通	

想仍需进一步研究与探讨。但阿姆斯特丹已明确，未来几年的城市公共空间建设重点将集中在停车收费管理、鼓励自行车出行、整合不同出行模式等交通措施上。

构建小汽车、公共交通和自行车等干路网体系是阿姆斯特丹城市交通的另一项重点。其中，如何将舒适的步行环境与良好的生活品质相融合，是需要特别关注的内容。譬如，威斯珀广场改造项目中的一项难点就是重新设计贯穿大学校区的一条城市主干道。这一议题在 2010 年 11 月的维也纳研讨会上曾引起热烈讨论。

主干路网与基础设施建设

构建市区与周边地区合理高效的出行模式，是阿姆斯特丹城市交通发展的重点工作之一，具体措施包括：减少小汽车交通比例、提高公共交通与自行车出行的吸引力。根据新增住房计划与交通预测，相应的出行需求将大幅增加，如果交通出行仍以小汽车为主，无疑会让城市及区域道路系统陷入瘫痪的边缘。所以，为了减少阿姆斯特丹市中心区小汽车交通，区议会已经做了长期的努力。在过去的 20 年间，通过实施停车收费、缩减路边停车位、改善交通环境等系列措施，成功实现了对小汽车交通的有效管控。随着公共交通出行量的增长，探究乘客出行目的变化显得尤为必要。

阿姆斯特丹由 7 个民选区议会和 1 个中央城市政府组成。近期的交通策略由各区与政府的 7 个管理部门协同制定。其中一项关键性任务就是要构建一个同时符合小汽车、公交和自行车交通需求的干路网系统。通常，交通运输部门

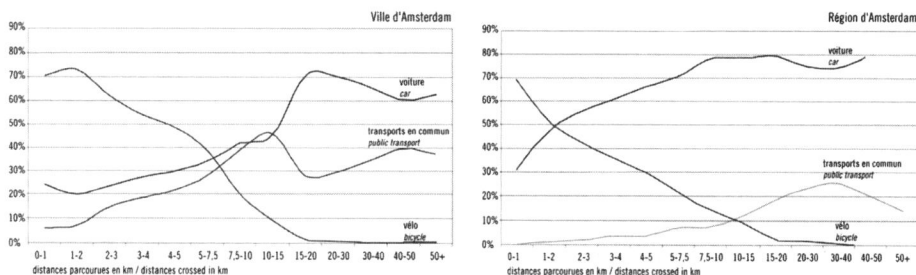

2005~2008 年阿姆斯特丹市及其周边地区的小汽车 / 公共交通 / 自行车占比

负责网络中的干道（包括 4 个小汽车交通走廊），而 7 个区议会则负责其他道路的管理。城市规划的实施需要评估对这些干道网系统可能产生的影响。

道路主干网（小汽车）

阿姆斯特丹的城市主干路不仅是城区路网的骨架，也是 7 个区的边界。在城市主干路网中，快速交通廊道承担了长距离穿城交通，其他道路主要服务居住区交通。城市主干路网作为城区对外联系的通道，连接中心区与其他功能区、主要目的地，以及自行车道、公园绿地、停车场等机动车集中停放点。通常情况下，城市主干路网以交通功能为主，与国家公路网和货运通道相连接。然而，以城市主干路为主的道路网体系往往使机动车成为城市交通的主导者，而其他交通方式的需求则难以得到应有的重视。

为此，阿姆斯特丹将 4 条城市快速路作为对外联系通道，在提升快速路通行能力的同时，通过车流控制引导与限速管理，避免对居住区与生态敏感区的穿行和干扰。未来，阿姆斯特丹将加大对城市快速路系统的投入，以实现交通管理、监控和绿波交通等发展目标。

公共交通干网

阿姆斯特丹的城市交通发展政策立足于大力推动公共交通发展，确保城区保持良好的交通可达性。尽管城市公共交通（巴士、有轨电车、轨道交通）早已外包给公司运营，但其发展必须依赖于城市道路设施的建设。公共交通干网（含铁路与巴士）的监测数据清晰地反映出各线路的服务水平。阿姆斯特丹城市公共交通政策旨在构建一个既不影响小汽车和自行车交通，又能保证公交出行快速、安全、可靠的公共交通干路网。规划中的公交线路以轨道环线、环状城际轨道和中央车站为起点，沿城市版图的每个"手指"（阿姆斯特丹居住区为指状形态）向外伸展。

自行车交通

阿姆斯特丹市中心的历史街区曾以骑马或四轮马车为主要交通方式，其空间紧凑、街道狭窄、设施密集，加之地势平坦，是发展自行车交通的理想之地。

如今，越来越多的城市居民选择自行车作为出行工具：

——在 12 岁以上的居民中，拥有自行车的比例达 75%（约 55 万人）；

——在 12 岁以上的居民中，每天使用自行车出行的人口达到半数；

——在城市交通出行中，自行车、小汽车和公共交通占比分别为 38%、37% 和 25%，即自行车占比高于小汽车；

——在 A 环路以内地区（不含海峡上方区域），居住人口超过 40 万，其中一半以上选择自行车作为交通出行方式；

——阿姆斯特丹大约有 25 万至 30 万个自行车停车点，其中 1.3 万个位于固定的公共建筑内（包括车站）。

为了鼓励自行车出行，推动自行车交通发展，阿姆斯特丹制定了自行车交通发展政策和长远规划。规划发展目标：

——至少 37% 的城市居民选择自行车交通出行；

——在自行车满意度调查中，须达到 10 分制中的 7.5 分；

——自行车盗窃案件减少 40%。

规划的近期措施，包括：

——结合实际需求增加自行车停放点；

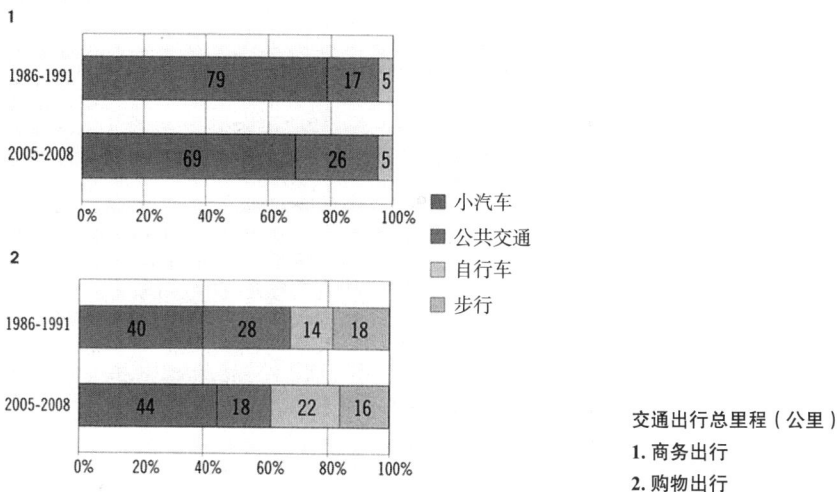

1

1986-1991：79 17 5
2005-2008：69 26 5

2

1986-1991：40 28 14 18
2005-2008：44 18 22 16

■ 小汽车
■ 公共交通
□ 自行车
▨ 步行

交通出行总里程（公里）
1. 商务出行
2. 购物出行

当人行道被街道家具或停放自行车占据，行人不得不占用自行车道

——自行车干道网中补全三处缺失区域；

——提高自行车干道网内部的连续性；

——管理和维护自行车干道网；

——加大打击自行车偷盗行为；

——扩大自行车出行人群规模；

——持续监测和评估自行车发展状况。

自行车道主干网

　　完善的基础设施对自行车交通发展至关重要，它可能会将临时骑行转为日常通勤。通过整合道路空间，建设快速、流畅的非机动车道，逐步形成连续的自行车路网，远比建设自行车专用道更为高效。这构成了 300 米 × 300 米的网格布局。代尔夫特市（Delft）的自行车出行比例因此增加了 8%。此外，以自行车现状路网为基础，建设自行车高速通道也是一项非常高效的举措。2008 年，阿姆斯特丹市中心区的自行车用户数量首次超过了小汽车使用者。

自行车主干路网应快速、舒适、安全、稳固，这通常意味着：市中心区的平均时速应控制在 12~15 公里 / 小时，其他地区应达到 15~18 公里 / 小时，至少为双车道，交通信号灯等候时长不超过 30 秒，享有交通信号灯优先权，控制小汽车通行，路面干净、平缓（以红色为宜），路径应灵活多变，避免尖锐转角，换乘设计合理，街灯明亮，等等。

共享空间

为实现城市交通发展目标，阿姆斯特丹市陆续出台了一系列公共空间设计导则。城市更新项目必须通过特定委员会的审查。设计导则尤为关注步行的连贯性与顺畅性，要求步行道宽度不得小于 1.5 米，且不得被标识牌、自行车停放支架等侵占。

通常中心区街道极其狭窄，难以达到上述对步行空间的要求，这就需要对交通出行模式进行调整，或确定不同交通模式的优先权，而不是在设计上妥协：有时是公交优先，有时是步行优先。

城市"红地毯"计划

阿姆斯特丹的蓝线地铁（North–South line）自中央车站经达姆拉克大街（Damrak）、罗肯街区（Rokin）、费兹尔街（Vijzelstraat）、维泽尔格拉赫特站（Vijzelgracht）和费迪南德·波尔街（Ferdinand Bolstraat），延伸至森图班大街（Ceintuurbaan），最终到达欧罗巴普莱因大街（Europaplein，即阿姆斯特丹RAI 国际会展中心）和祖德海滩（Zuid）。阿姆斯特丹的"红地毯"计划是结合轨道线建设，对沿线地区的地面交通进行整合与改造的城市更新项目。早在 20 世纪 90 年代，针对轨道沿线地区改造的规划中已提出：拓宽达姆拉克大街至罗肯街区之间的道路西侧空间，扩展步行道区域；取消一条机动车道，限制南向机动车进入姆拉克大街和罗肯街区；达姆拉克大街路面替换为灰红相间的六角形石质铺装，而罗肯街改用红色砖块。这一独特设计使得该项目得名"红地毯计划"，让步行者仿佛置身于专属的"红地毯"之上。

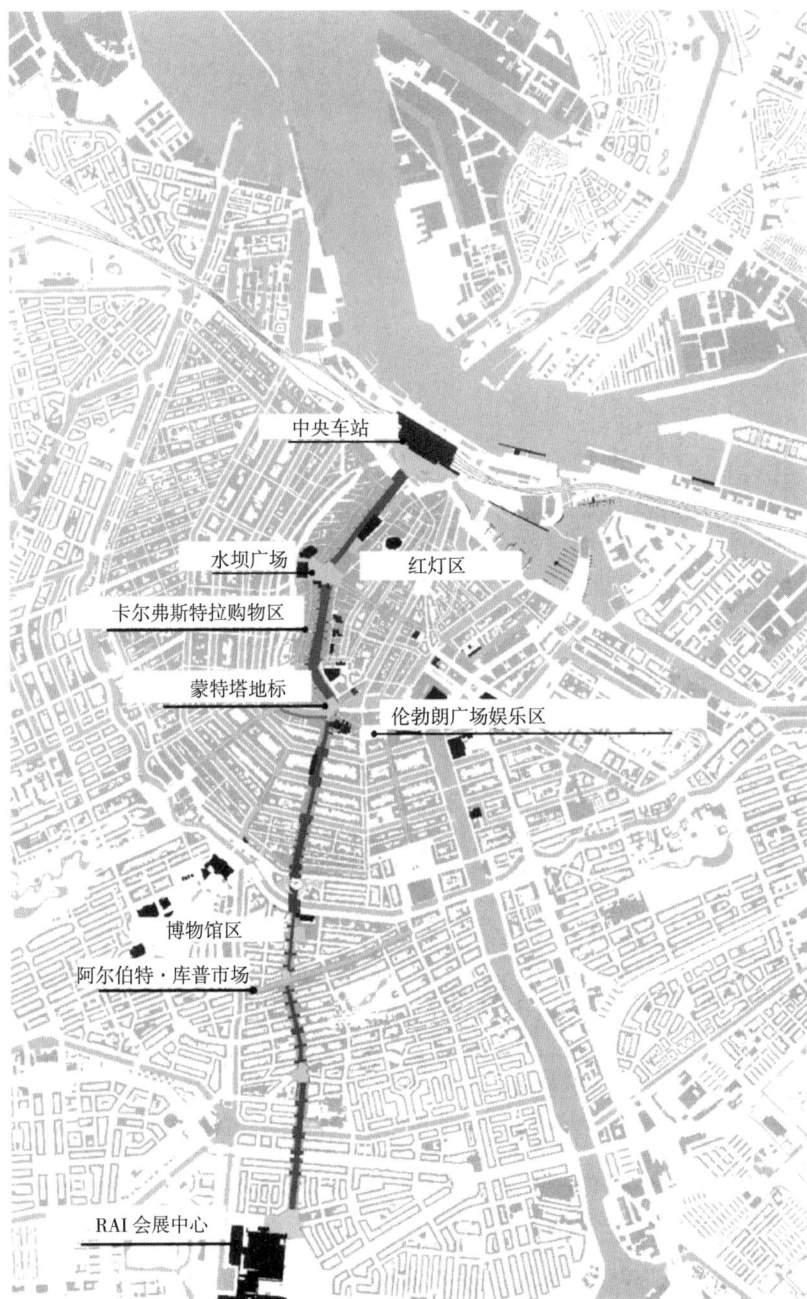

中央车站

水坝广场

红灯区

卡尔弗斯特拉购物区

蒙特塔地标

伦勃朗广场娱乐区

博物馆区

阿尔伯特·库普市场

RAI 会展中心

红地毯计划，从中央车站经内城直到南部的城市会展中心

达姆拉克大街现状

在蓝线轨道地下工程建设过程中，地面公共空间设计方案受到多方的质疑。道路年久失修，多处破败，已无法适应现代生活，尤其是车站及其周边地区亟需改善。2012 年修订的轨道沿线地区改造计划仍将达姆拉克大街和罗肯街区作为连接"红灯区"与达姆拉克大街的关键节点。

政策议题

在"红地毯"计划中，从达姆拉克大街、罗肯街、蒙特广场（Muntplein）到费兹尔街（Viizelstroat）与维泽尔格拉赫特街（Vijzelgracht）交叉口，规划了一条联系过去（历史建筑）、现在（公共开放空间）和未来（新轨道线）的城市轴线。对公共空间发展趋势的判断，极大地影响了城市相关政策的走向。各片区与城市共同的目标包括：

——在保证交通出行量的同时，确保城市良好的可达性；

——提升交通出行的安全性；

——改善城市空气质量；

——使用符合可持续要求的环保材料；

——增加步行空间，提升门户地区吸引力，巩固阿姆斯特丹的大都市地位；

——采用清晰的标识系统，增加历史街区和文化遗迹的人气。

城市公共空间改造在设计方案阶段，就必须考虑如何统筹和评估多种空间诉求。实际上，设计往往面临空间局促的限制，难以满足所有使用需求，因而必须做出取舍的挑战。一般情况下，设计方案会优先考虑步行、自行车、公共交通的空间需求。

"红地毯"计划所涉及的地区仍承担着重要的交通功能，包括自行车、公共交通和小汽车不同类型。其中，达姆拉克大街、罗肯街和纽蒙特广场是城市小汽车、公共交通和自行车等道路网体系的重要组成部分。为此，城市道路网发展目标之一是确保货运交通畅通，并为其他交通方式规划出清晰合理的专用空间。

长距离穿城出行同样包括步行。阿姆斯特丹致力于改善城市中心区的日常步行环境，使公共空间更加干净、整洁、安全、可达。实际上，为人们提供舒适的会面环境与交通功能同等重要。因而，公共空间的设计应以人为本，预留充足的步行空间。

步行者

在"红地毯"计划范围内，现状步行人数平均每天约 10 万人。随着阿姆斯特丹游客量不断攀升，以及蓝线地铁新入口（罗肯站和维泽尔格拉赫特站）的建设完成，该地区的步行人数预计将进一步大幅增加。罗肯站的乘客量预计每天将达到 5.8 万人，而维泽尔格拉赫特站因周边分布着众多旅馆、精品商店和城市档案馆等景点，未来也将吸引大量的乘客。

改造方案需要在公共空间设计中提供充裕的步行空间。在现实条件允许的情况下，尽可能地拓宽步行道，补充娱乐功能。为提升街道舒适性，公共空间应整洁明亮，例如采用与高压线一体化的街灯、小巧精致的街道家具与栏杆。公共空间设计还应鼓励"都市漫步"等休闲活动。

步行空间必须使用持久耐磨的高品质材料，与阿姆斯特丹的历史风貌和大都市中心区的形象相协调。步行空间应清晰地区分出人行通道与休息空间。

自行车与摩托车

"红地毯"项目实施地区是阿姆斯特丹城市"自行车主干路网"的一部分。因此，畅通与安全是该地区自行车交通首要任务。虽然罗肯街和达姆拉克大街的南向交通为机非分隔方式，但是社区级自行车道仍采用与机动车混行的方式：费兹尔街和维泽尔格拉赫特街沿线将设置自行车专用道，摩托

红地毯计划中的达姆拉克大街横断面设计

红地毯计划中的罗肯街道设计

车使用机动车道；达姆拉克大街和罗肯街因无机动车道，将禁止南向摩托车通行。

公共交通

有轨电车是除地铁之外的另一项重要的日间出行方式。目前市中心车站的改动较小。市中心方向的有轨电车将保留费兹尔街和维泽尔格拉赫特街的线路，而从市中心向外行驶的有轨电车将与机动车混行。南向有轨电车车道在夜间将保留为巴士专用道，北向则改为机动车道。巴士站尽可能共用或邻近有轨电车车站，并禁止出租车停靠，但出租车同样享有公交优先的权限。

机非车辆停放

更新改造完成后，费兹尔街和维泽尔格拉赫特街、姆拉克大街、罗肯广场周边、波斯特拉特街和欧德市场大街等地段将取消路边停车。外来访客车

地下停车、自行车停放和地铁线于一体的新罗肯地铁站剖面图

辆可使用新建的罗肯地下停车场和女皇百货公司停车库。此外，市中心将另设几处私人停车场，并保留原有的残疾人专用停车场。

道路照明、铺装和街道家具

悬挂在电缆上的交通信号灯可以减少街道障碍，保证视线无遮挡。路面铺装将替换为轻质、小巧且耐磨的材料，采用质量更坚固和设计更人性化的街道家具。

绿化

阿姆斯特丹运河和航道沿线绿树已有规模。但原阿姆斯特尔河（River Amstel）航道的填充区却绿化严重不足。据此改造计划将在现状河岸和原航道上进行绿化种植。

威斯珀广场（Weesper Square）开发项目

阿姆斯特丹的"红地毯"计划包括城市公共空间布局的调整。维保特大街（Wibawtstraat）是与"红地毯"计划同期推进的改造项目。维保特大街是连接市中心与外部交通的重要通道，其沿线的公共空间已年久失修。2010 年，道路交通部编制了《维保特大街总体规划》，提出对城市中心至 A10 环路的交通走廊进行整体翻修。该计划分期实施，现已完成部分路段改造，按规划，2010 年至 2011 年实施道路北段改造工作。

维保特大街中段的改造始于 2010 年。虽然从政策层面上看，这只是一个交通改造项目，但这条大街作为联系城市其他公共空间的重要纽带，其意义

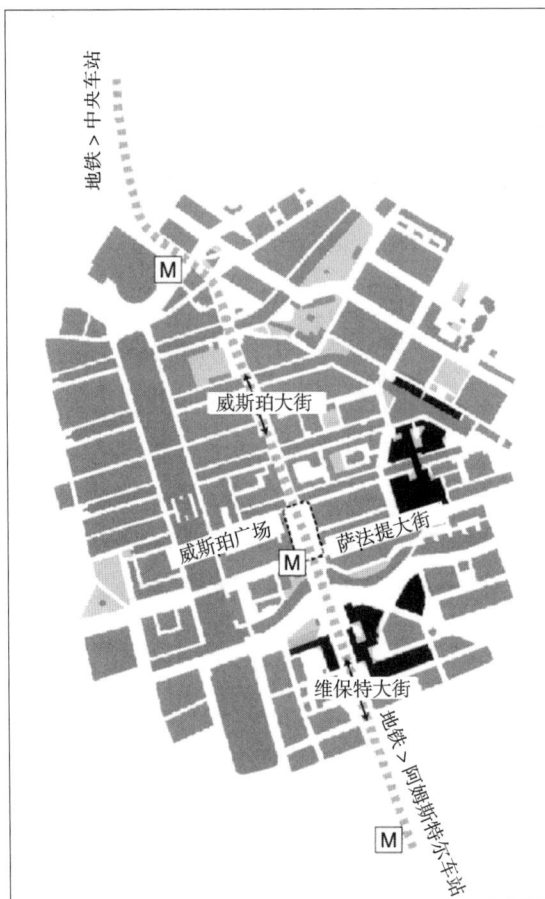

维保特大街和威斯珀广场

远非基础设施建设那么简单。沿街的几所城市大学计划在此新建阿姆斯特尔校区（Amstel Campus）。同时，周边城市行政管理核心机构和新闻大楼旧址也亟待翻新。维保特大街北段分布着包括冬宫阿姆斯特丹分馆在内的多家博物馆。此外，市中心区也希望通过提升可达性，扩大旅游观光区范围，在博物馆周边增设休闲活动场地。

维保特大街是一条南北向的交通走廊。阿姆斯特丹市已着手对道路南端工业区内的几处废弃地（曾是企业办公，现已搬迁）进行再开发。对维保特大街改造项目的研究才刚刚起步，其中将面临诸多挑战，例如，建于 20 世纪 80 年代早期的阿姆斯特丹中心轨道线已废弃多年，现在该如何改造或利用成为了一个问题。

维保特大街和威斯珀广场

维保特大街沿线的威斯珀广场紧邻阿姆斯特丹大学和阿姆斯特丹应用科学大学。考虑到这两所高校在城市中心的重要地位，且相距仅数百米，加之两校在此联合新建一处校区的计划（包括能容纳 250 名学生的宿舍），近期可为 4 万名学生提供食宿，因此，威斯珀广场地铁站的设计应充分满足两所高校大量的自行车与人行交通需求。

地铁出入口位于威斯珀广场，而地铁网络连接着国家铁路系统。因此，威斯珀广场不仅是学生们相遇和会面的场所，而且也是通往其他地区的交通节点。然而，为了满足流动和换乘需求，威斯珀广场仍以交通功能为主，保留了双向车道。

就现状来看，威斯珀广场、辛格运河大桥（the Singel Canal Bridge）和维保特大街北部尚有充裕的开放空间。但这几处地方狂风肆虐，环境恶劣。有人建议恢复辛格运河大桥的功能，将运河集中的历史城区与 1850 年之后新建城区分隔开来。不只威斯珀广场被切割成碎片化的公共空间（因不同材质、自行车停放点、不同高差等），整个威斯珀片区也面临同样的问题。超负荷的交通压力很难产生具有活力的步行空间。原本欠佳的居住品质，加之新增的大规模办公区，无疑会进一步恶化居住环境。

阿姆斯特丹应用科学大学

维保特大街是双车道。市议会曾在城市总体规划中提议，将其改造为单向通行，以弱化其交通性的功能。然而遗憾的是，可行性研究的结果表明，至少未来 10 年内，交通量持续高企，维保特大街仍需维持双向通行。尤其是在与同样承载有轨电车的萨法提大街（Sarphatistraat）相交的影响下，交通规划和指标设定需要综合多个学科的考量。

威斯珀广场该如何塑造自身的特色？能否扮演好两所高校门户区域的角色？从广场至大学校园的步行道是否具备足够的吸引力？学生从校园步行前往地铁站所在的瓦尔肯尼耶大街，现状更像是一条狭窄的小巷。如何让广场功能更具弹性，环境更具魅力？广场设计必须综合考虑穿越性通行、社区出行、公共交通 / 地铁接入等需求，并融入居住、步行安全、学生聚会和娱乐等功能。广场是否需要新增其他功能？是否需要制定下一阶段的实施计划？

结论

显然，各项交通的干路网系统与公共空间的设计同样重要，为人们提供了多样化的出行选择。市中心的街道过于狭窄；很难同时容纳所有交通模式。因此，阿姆斯特丹必须为城市交通精心筛选适宜的模式，而非试图将所有交通模式集中在一个区域里。

自行车在阿姆斯特丹的交通出行中占据极其重要地位，具有特殊的意义。A 环路交通出行量中，自行车占据半数以上。如此庞大的自行车交通流量，不能简单地将其与步行交通相混合，需要在保障自行车专用空间基础上，改善步行环境和公共空间的舒适度。

机动车交通廊道改造有助于重新界定无车区和其他交通模式专用区。但是，像威斯珀广场这类紧邻大学校区的案例，如何解决穿越步行区的机动车道所造成的影响尚无答案。

POPSU 维也纳主题研讨会和全球各地区的专家已针对这些地区的交通流量观测数据、公共空间设计和学生行为进行了深入分析，为后续城市设计工作框架提供了思路与建议。

城市发展建议和规划项目　　　　　　　　　　　　　　　　表 2-2

交通	● 广场：应减少交通量，降低小汽车的优先级 ● 鉴于不同功能存在空间上的竞争，应预先确定机动车道数量 ● 监控交通发展变化 ● 考虑多种市内出行方式 ● 基于当前或未来的需求，举办城市规划工作坊
公共空间设计	● 综合考虑建筑地面层的功能布局 ● 地下一层对于增加城市吸引力非常重要，但如果只是为当地服务则以临街为宜 ● 在大型广场（运河/水面之上）采用环保式树木种植，而在小型广场则应采用分散种植，且不必成列
学生/活力	● 邻近大学或沿交通走廊应成为人气聚集地 ● 开放滨水空间（如建设自行车隧道） ● 尽可能建设露台等提升活力的场所，特别是在地铁站周边（设置座椅、树木、商店）

第3章

哥本哈根：城市发展战略与实施项目

哥本哈根致力于推动可持续交通的发展，通过制订相关城市空间开发战略，扩大自行车和步行对城市生活中的积极影响。本章节不仅概述核心的城市战略背景和内容，还展示了具体案例在实施过程中的市民参与情况和项目示范作用。

发展背景

哥本哈根是全球最早引入"步行街"概念的城市之一。早在 1962 年，哥本哈根将城市中心区的一条主要商业街——长度超过 1 公里的斯特罗格特大街（Stroeget Street），从单向机动车通行完全转变为步行街。事实证明，起初认为机动车禁行会导致零售业下滑的顾虑完全是多余的。目前，哥本哈根在历史街区已形成了完整的步行网络。步行街区所有必要机动车交通限制在早晨时段。

与斯特罗格特大街平行的游憩道允许多种交通方式混行，但步行和自行车交通在此享有更多的优先权。"休闲街"（Recreational Street）在丹麦语中，有"共享空间"的意思，更侧重于娱乐休闲活动而非交通通行。这类街道通常位于城市居住区内，也是哥本哈根推动新城区建设（如嘉士伯区[1]）的一项重点工作。

地理背景

哥本哈根城市中心区被"绿环"和"蓝环"所围绕。"绿环"位于城区内侧，曾是古老的防御工事；"蓝环"则是城区周边的一系列水域和湖泊。"绿

---

1 Carlsberg 区是哥本哈根西桥区中的一小块区域，毗邻渥尔比。——译者注

环"和"蓝环"组成了城市公园带，在此范围之外是建设密集的生活区，通过放射状道路与城市中心相连。这些放射状道路既是城市交通干道，也是服务社区的商业街，但时常拥堵不堪。为研究出可以替代这种社区商业街的发展模式，哥本哈根已进行了相当长时间的努力，其基本思路是规划新的交通线路，减少过境交通，建设适宜的新设施以转变现有的交通模式。下文将介绍的商业街发展战略和案例均为哥本哈根的现有经验与探索成果。

停车管控

在历史城区内构建步行系统的同时，哥本哈根还颁布了新的停车政策，进一步限制和缩减全城停车场（点）的数量和用地。中心区内现有停车场将改造为休闲娱乐场所，通过减少小汽车给城市带来的压力，以缓解市民停车问题。该政策从市中心开始实施，逐步向外围推进，直到覆盖主要居住区。

城市空间

除了推行停车管控政策，哥本哈根还实施了多项战略性的城市空间政策。例如，20 世纪 90 年代对城市中心小广场的改造，就着重提升了建筑质量。随着城区外围居住区的开发，城市空间拓展和城市更新改造战略交织在一起。受到巴塞罗那等城市的影响，哥本哈根在新建项目中更强调城市居住空间的地域性和可识别性。

2005 年，哥本哈根开始实施一项新的城市战略——哥本哈根城市空间行动计划（CUSAP）。该计划邀请了法国城市规划专家让 - 皮埃尔·夏邦杰（Jean-Pierre Charbonneau）参与合作，并引入了夏邦杰在法国的实践经验和工作思路，将城市空间分成 4 种类型：广场、步行道、商业街和连接空间。

CUSAP 计划不仅设计了公众参与和政策保障策略，还提出了评价空间改造品质的新标准："快捷、简单"，即强调城市空间应采取必要的简单提升，而非制定全新的方案。此标准对当前交通领域的试验性解决方案提供了有效的帮助，但对永久性的新开发项目而言并不适用。可以说，无论是在新方案的试验性阶段还是作为永久性解决措施，CUSAP 计划都为具体项目提供了稳定的政策框架。

哥本哈根航拍照片

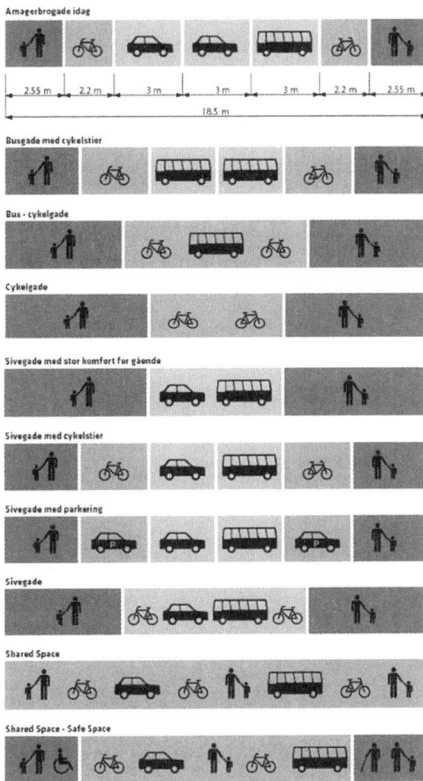

街道空间分配

哥本哈根市中心的海港浴场

地铁建设

哥本哈根自 2002 年投入使用的地铁线改变了人们的出行方式。从 2010 年到 2018 年，地铁系统将扩展成一条环线，并在最密集区域新增 17 座车站。轨道交通将与巴士、市郊铁路 S 线（S–Train）一起，共同承担哥本哈根 23% 的个人出行。

核心战略

哥本哈根市基于公众意愿制定了一系列相互关联的城市发展战略。这些战略的核心重点是推动绿色交通与城市空间的融合发展，将哥本哈根打造为可持续、具有独特都市生活魅力的城市。人们可以从城市管理部门精心编写的两本宣传手册——《生态都市》（*Eco-Metropolis*）与《人性化的城市》（*A Metropolis For People*）中，详细了解都市生活的愿景与目标。其中，《生态都市》着重阐述了生态环境、自行车交通及绿色空间的建设要求，而《人性化的城市》则细致描绘了都市生活的图景和追求。

生态都市

哥本哈根的生态环境发展目标如下：

——成为气候之都；

——打造全球最佳自行车交通城市；

——建设绿与蓝交织的首都城市；

——营造干净健康的大都市环境。

哥本哈根在改善城市环境方面已取得一定成绩，为实现上述目标打下了良好的基础。例如，广泛使用可再生能源，具备成熟的自行车交通系统，以及发展滨海浴场这类休闲功能，使海湾更洁净健康，等等。1995 年至 2005 年期间，在哥本哈根的长期坚持下，城市碳排放成功地减少了 20%。但是，哥本哈根仍然面临着小汽车出行量持续上升、公共交通系统和自行车道网络亟需改善等诸多挑战。下文将介绍相关的案例经验。

目前，哥本哈根的自行车出行距离已超过 1100 万公里 / 天、35% 的居民选择骑车上班或上学。如世界纪录般惊人的自行车数量，已成为哥本哈根的城市名片。自行车文化在哥本哈根历经了多年的演变和发展，持续性投资使自行车道和路线不断完善。许多市民仍期待更多、更宽、与机动车交通尽可

"注意，你被记录了"，哥本哈根 **2009 年 6 月**

能隔离的自行车道，以及专为自行车设计的绿波交通体系，并在居住和工作地点提供更便捷的自行车停放设施。

哥本哈根近年的努力包括：为自行车和步行新建跨海和穿越城市门户主干道的专用桥，增设了大量自行车停放设施，实施了多项确保自行车交通安全与舒适的措施。随着出行环境的改善，选择自行车作为通勤方式的人数还在持续增长。

生态都市自行车交通发展目标包括：

——使至少 50% 的居民选择骑车上班或上学；

——与 2007 年相比，自行车交通事故中的重伤人数减少一半以上；

——确保至少 80% 的骑行者感到安全、有保障。

人性化大都市

都市生活的多样性对城市社会可持续发展至关重要。人们在城市公共空间相遇、相识，不断增进理解和包容彼此。只有安全、整洁，且适宜驻留、观赏的空间，才能孕育出所谓的都市生活。同时，居住、文化、工作和购物等功能的混合也有益于都市生活的繁荣发展。

哥本哈根的都市生活

哥本哈根已拥有众多达到世界级水准的高品质空间。丹麦皇家艺术学院建筑系的扬·盖尔（Jan Gehl）及其团队记录并研究了哥本哈根城市生活过去40年来的变化。研究显示，近10年里，都市生活在哥本哈根市中心和近郊区中心的周末和夜间得到迅速发展。

都市生活愿景与目标

哥本哈根致力于："建设成为全球最宜居的城市——一个可以让人们参与其中、享受独特性和多样性的都市生活、可持续发展的人性化大都市"。最终实现的目标包括：

——让所有人享有更多元的都市生活，且满意率达到80%；

——增加步行交通，步行人数比现状增加20%；

——延长人们在公共空间停留的时间，较现有基础增加20%以上。

"人性化大都市"的概念是指"为所有人享有的城市"。无论年龄、宗教背景、经济条件、社会身份、身体健全还是残疾，每个人都能融入哥本哈根的都市生活。这不仅要满足日常都市生活的基本需求，还要为私密的、个性的或临时性的节庆活动创造条件。因此，良好的城市空间应兼顾个体差异、多元发展，灵活适应四季全天候的都市生活。

斯鲁霍尔门新区

哥本哈根市的新港区

　　人性化都市让步行更加惬意。步行作为最基本的出行方式，比机动车交通更为简便、健康、可持续，且费用低廉，行人拥有更多、更好的机会体验城市、结识他人、探索乐趣。因此，步行即都市生活，让人们在哥本哈根城市中迈开脚步——在更舒适、安全和便利的环境中行走。

　　无论城市有什么样的空间布局与配套设施，购物、接送孩子、通勤等都属于都市生活的基本活动，而有趣的活动、休闲娱乐、个人享受等都市体验只会在令人流连忘返的人性化场所中发生。因此，哥本哈根希望通过建设公园、广场、街道和滨水码头等设施，在市中心、城市新区，或是日常活动必经之处，聚集起更多的人气。

都市生活评估

　　哥本哈根的都市生活评估系统是为了延续扬·盖尔和相关研究人员已开展了 40 年的都市生活记录工作。该系统以访谈、数据收集、步行交通统计为基础，识别出战略性城市空间以及其他城市空间中的活动。

商业街区

　　哥本哈根商业街发展战略是实施 CUSAP 计划的支持性措施。该战略优先考虑步行者、骑行者和巴士交通的需求，重点改造诺尔博格大道（Nørrebrogade）、阿迈厄大道（Amagerbrogade）、韦斯特伯大街（Vesterbrogade）和奥斯特大道

嘉士伯新区的街道方案

（Osterbrogade）等城市主要购物街区。其中，诺尔博格大道交通试验性项目经过两年的实践，现已开始尝试将成功经验转化为永久性措施（详见案例）。此外，阿迈厄大道也是商业街发展战略的标志性成果之一。

哥本哈根商业街发展战略以城市交通规划为契机，旨在减少商业街的过境交通量。规划控制商业街的服务性车辆，禁止过境车辆穿行——采用控制车速的方式让司机主动选择其他绕行路线，而非依赖信号灯和管控规则的限制手段。当然，降低机动车车速有多种方法：压缩机动车道宽度、让巴士与汽车混行、规划街头共享空间等。

商业街道发展战略的重点任务是改造多处行人、自行车与汽车混行的共享空间节点，提供更好的步行条件，包括通过性的步行活动。规划选择的改造"节点"大多是过街人流量较大的地区，例如，地铁站和大型购物中心附近。具体措施包括：拓宽步行道、结合步行布置沿街店铺、将部分与主干道相连的分支巷道改为尽端式，形成休闲娱乐和交流的小空间。

从最初的理论可行性探讨，到拆分为几个实施阶段，再到最后付诸实践，上述措施一直伴随着当地居民与零售商铺的频繁且密切沟通。不过，其中有些解决方案还有待进一步检验，毕竟对于城市主要街道的空间共享尚未积累

哥本哈根市中心某步行街的改造方案

足够经验。此外，我们还需要加强巴士与小汽车交通混行的方案研究，维持巴士交通应有的运量。

案例研究：诺尔博格大道

项目概况

诺尔博格大道是哥本哈根的一条主要商业街，从西北方向穿越挪莱布罗区（Norrebro）中心，全长 2 公里，人行流量平均可达 1.25 万人 / 天。沿线功能主要为住宅和娱乐场所，还有大约 300 家商店、咖啡、餐馆和众多公共机构。然而，街道两侧狭窄的人行道被临街商铺、停放的自行车和巴士等候站所瓜分，几乎没有供人驻足停留的空间，更谈不上在此享受都市生活。同时，诺尔博格大道机动车通行还面临严重拥堵的问题：日均车流量高达 1.7 万辆，其中超过 40% 为通过性车辆，并且，作为哥本哈根一条重要的巴士路线，日均乘客量约 3 万人次。最为重要的是，这里也是北欧最大的自行车街道，日均自行车车流量约 3 万辆，自行车道十分拥挤。因此，面对老旧的巴士站点，以及拥挤不堪的汽车、自行车和行人，要保证巴士准点运行，消除乘客与自行车之间的冲突，成为一项艰巨的挑战。

实践探索

2008 年，诺尔博格大道试点项目启动，旨在适度限制机动车通行，赋予巴士、自行车和步行在特定的路段享有优先权。具体措施包括：拓宽这些街道的人行道与自行车道，在街口设置禁止汽车通行的标识牌，划定公交专用区等，迫使机动车交通从周边街道绕行进入。同时，规划在街道朝阳的一侧布置综合功能区，为零售商业与咖啡厅增加户外活动空间，不仅提升了商业服务和产品的品质，还促进了小型休闲与交流区的形成。

实施经验

作为试点项目，诺尔博格大道的实施过程分为若干阶段，并根据各阶段的推进效果不断进行调整和优化。为了确保项目能切实反映当地居民的诉求，项目启动数月后，团队与零售商、居民进行了频繁的沟通和协商。零售商担心减少小汽车将使其商业利益受损。实际上，项目实施期间更为严重的打

哥本哈根"休闲街"

诺尔博格大道试点项目实施前与实施后的街景

击来自当时金融危机的爆发。因此，很难断言降低机动车流量对商业利益的具体影响。

效果评估

项目实施效果评估：

——机动车平均交通量减少了 50%；

——噪声降低了 1.5~3.5 分贝；

——行人与自行车之间的冲突得到缓解；

——巴士交通压力在高峰时段减少，有效服务了超过 10 万乘客；

——67% 的居民支持将试点内容变为永久措施；

——65% 的商店店主反对将试点内容变为永久措施。

在与居民的协商和沟通中，讨论话题集中在以下几点：

——人行道扩宽，便于摆放咖啡桌等设施；

——增加都市生活；

——增加座椅和桌子；

——增加道路绿化；

——改善街道照明；

——拓宽自行车道；

商业街发展策略图示

——减少交通量；

——车速控制在 40 公里 / 小时。

基于这些反馈，城市当局对项目进行了调整：进一步降低车速限制，增加了街道休闲椅和绿化带，改善了街道照明。随着项目中的试点内容转变为永久性措施，相应的设施和铺装也将被保留和固定下来。

试点成效

诺尔博格大道的机动车流量减少了 41%，而自行车使用量增加了 26%；同期，挪莱布罗区的机动车交通量下降了 10%，自行车使用量增长了 15%，这相当于每年减少 8300 吨的碳排放。

此外，其他效果还有：

——自行车交通环境得以改善；

——巴士行驶与换乘条件不断提升；

——步行者的活动空间得到拓宽；

——人们享有更好的城市生活机会；

——城市休闲娱乐区逐渐完善。

诺尔博格大道试点项目中的部分现状措施

诺尔博格大道试点项目中的"弹性空间"

后期展望

哥本哈根为提升都市生活品质树立了宏伟目标，并已付诸行动。对于尺度较为宏观的城市项目，我们将评估项目实施前后对都市生活的影响，例如，对比参与城市空间活动的人口规模，统计行人数量与比重。我们还将访谈城市空间的使用者，基于城市空间中的日常生活和行为活动做出评估，更清晰地了解我们所面临的挑战与难题。

第 4 章

洛桑：城市开发强度

"当今城市发展中，如何让不同交通模式共享公共场所是一项重大挑战。其中的难点在于，如何在不同层面协调好交通优先发展与多种出行并存之间的关系。在瑞士众多城市中，洛桑早在 10 年前就意识到了控制城市蔓延的必要性。随着私人机动车交通急剧增长，这个问题变得愈发紧迫。为此，瑞士当局推出了相关政策，希望根据不同利益群体的需求，对社区开发项目和城市空间管理工作进行分类和统筹。自此，与紧凑型城市、快速公交和'柔性'交通模式等主题相关的区域性项目，更容易获得联邦或州立机构的财政支持。构建新的合作关系也意味着可以用一种全新的方式更好地实现公共空间的共享。"——洛桑城市公共事务主任兼洛桑市议员奥利维尔·弗朗斯（Olivier Francais）

城市概况

洛桑流传着一句俗语，生动地描绘了人们对这座城市的第一印象："在这座城市，当你踏入圣佛朗索瓦教堂位于六楼的门厅，从建筑的一楼走出，却发现已置身于中央大街。我们探索这座城市的途径通常是从城市上方进入——因为建筑的大半部分处于地下，而街道戛然中止，桥梁也不过是建在半空中的交叉口"。

虽然用地功能对区域空间结构和宏观层面（国际的、区域的和地方的）的交通网络不会产生显著影响，但星状核心城市地区很难形成一个强大的（城市级）中心。早在 1962 年，正值汽车工业蓬勃发展之际，洛桑就开始逐步发展出一个由步行街连接众多小广场的城市公共空间网络，而不是选择建设一个强大的单中心城市。在此背景下，洛桑勾勒出了首个城市发展的战略目标。

规划类型

政治与区域背景

20世纪90年代末期，以洛桑为首的部分瑞士大城市开始意识到城镇化进程对整个国家的重大影响。为此，瑞士联邦议会新设了一项基础设施基金，专门用于城镇密集地区的投资。为了获得这项财政资助，城镇密集地区须通过"模型—项目"评估，满足关键性指标的要求——城市开发活动应高效且和谐，日常交通和生活品质应显著提升。该基金有效期至2028年，2007年至2019年期间着重用于大力发展城镇密集区建设。

洛桑—莫尔日城镇聚集区规划

在瑞士联合会的资金项目评估中，洛桑—莫尔日城镇聚集区（掌状）规划位居前列，评分最高。该规划始于1990年，旨在为掌状城镇聚集区构建一个协调相关社区和各级部门的规划与交通合作机制。规划至2020年，聚集区人口比现在增加4万，新增就业岗位3万个。签订协议的各级政体和社区均有权否决阻碍规划实施的项目。虽然该城镇聚集区规划是洛桑目前最具前瞻性和战略性的项目，但当中仍保留了以往的规划经验，特别是延续了公共空间共享的措施。

公共空间宪章：市级开发建设规划及其对城镇密集区的影响

1995年，在洛桑市开发建设规划编制期间，日内瓦沃州拟定了（应其管辖范围内的城市要求）多种交通模式共享公共空间宪章。在此背景下，不同交通模式共享公共空间成为洛桑市开发建设规划中的一项设计重点。

公共空间建设纲要：提升生活品质与道路系统

洛桑市公共空间建设纲要旨在协调当地居民与道路使用者对城市交通

洛桑，一座地形复杂的坡地城市

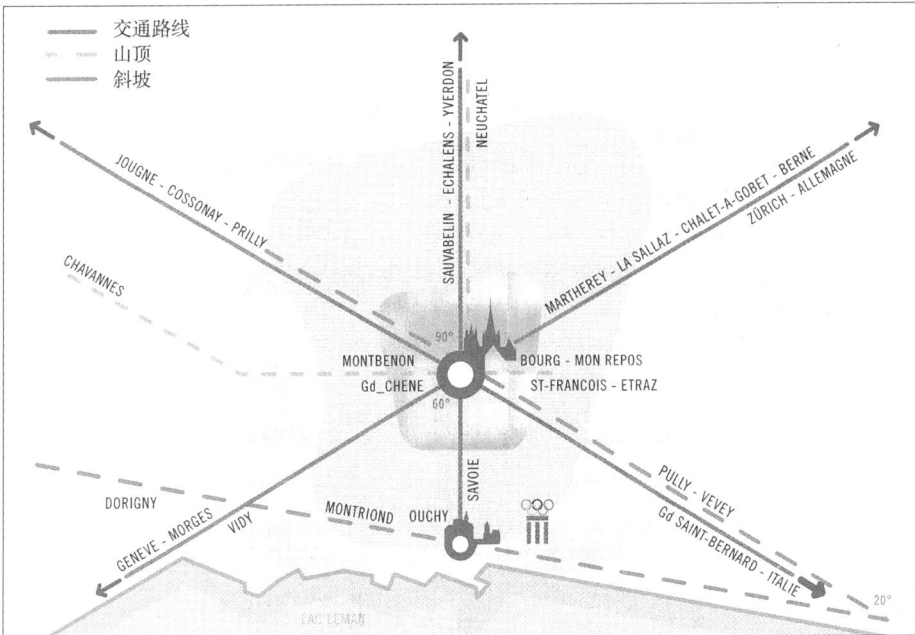

洛桑的地形和主要交通路线

的不同需求。纲要相关利益参与方是用一种协议（自愿）的方式，而非指令（强制）的形式，共同践行当地街道与广场的共享机制。机动车驾驶者希望公共空间能保证行驶通畅，而当地居民往往对公共空间的品质有更高要求。洛桑的公共空间建设纲要兼顾了"功能主义和速度优先"与"地域性与多功能"之间的需求，要求公共空间开发和管理不再依照一般性道路标准，必须容纳不同利益述求和所有群体意愿。

纲要提出的规划目标务实且具有可操作性：我们应更好地享有道路空间，我们必须确定空间共享方式。这意味着公共空间开发需适应场地特征，恢复城市的公共性。在推动公共空间共享过程中，当面对无法统一所有当地居民意见的情况，例如，交通管理部的目标是最大限度地确保道路通畅，而当地居民希望拥有安静的环境，店主期望一个人气兴旺的公共广场等，我们需要寻求妥协。

根据纲要的要求，每个公共空间项目在前期阶段都需要对各群体目标进行沟通和协调。随后，项目将逐渐明确工作方式，尽可能地统筹和落实所有利益群体的不同需求。

纲要中明确州政府的职责：是项目实施过程中的媒介，不是要求各社区"做什么"，而是应该告诉他们"怎么做"。

公共空间为主题的项目曾经是严格依照规划或交通规范执行，现在则鼓励补充当地居民的需求，以更好地推动公共空间共享。

《一条街的秘密》，1914 年　《汽车时代的到来》，1965 年　《住区街道的到来》，1985 年　《重新发现的地方》，1990 年

重新显现的广场，乔瓦尼·布齐（Giovanni Buzzi）绘制的拼贴画（乔治·德·基里科风格）

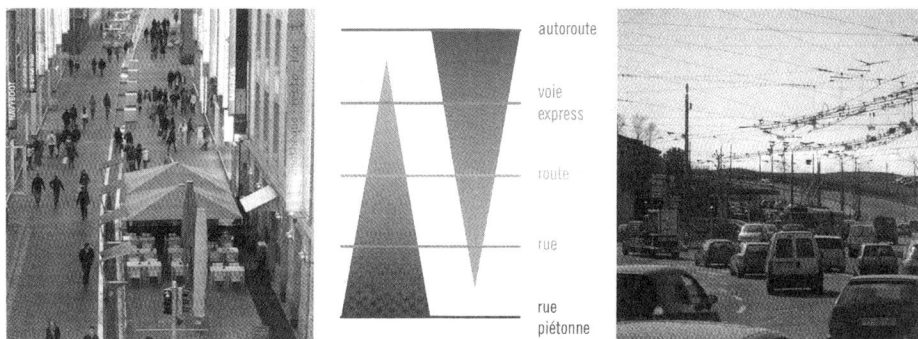

公共道路的混合功能

市级开发建设规划：构建步行与其他交通模式体系

1995 年，洛桑在城市开发建设规划中，将市域空间结构作为构建道路系统的基础。一方面是为了让交通引导城市空间结构发展；另一方面是为了恢复社区地域性，营造宁静的居住环境。根据开发建设规划总体目标，交通发展政策的基本原则是强化各交通模式之间的衔接，让人们共享公共空间，优化城市生活与生态环境。

洛桑市特制定了交通组织协议，推动公共空间共享。协议不仅涵盖了联邦空气保护法（Opair）和防噪保护条例（OPB）等相关要求，同时明确了交通模式优先发展的先后顺序，依次为：步行、公交、自行车、轻型双轮摩托车、其他私人机动车。

规划要求以下开放公共空间须便捷可达：环城路、30 公里 / 小时和 20 公里 / 小时限速区、小型绿化带和市中心步行区。

规划的道路层级形成了不同类型的路网体系，积极引导相应的交通行为与出行活动。

掌状城镇聚集区项目（Palm Agglomeration Project）再次采用了洛桑规划的城市空间结构和公共空间组织方式。实际上，一旦协议条款的适用范围扩大至其他市级城市，也就意味着区域规划的干预行为覆盖了城镇聚集区内所有的"紧凑型"地区[1]。

1　这个紧凑区是掌状城镇聚集区项目的四个基本选项之一，旨在限制城市蔓延，引导聚集区的城镇开发方向，保护和提升道路中的永久性绿地。

洛桑—莫尔日城镇聚集区规划导则——城镇等级与网络

在日内瓦沃州公共空间宪章和洛桑市开发建设规划的激励下，洛桑—莫尔日城镇聚集区规划执行委员会（COPIL）同意成立工作组，为考虑签订合作协议的地方政府编制道路网设计导则。

导则由日内瓦沃州监管，洛桑市当局与公共空间办公室（Public Space Office[1]）成立的公共空间技术团队负责编制和实施。导则特别强调了洛桑的城市魅力与个性特色，对密度区内的公共空间进行了城市设计。

洛桑—莫尔日城镇聚集区规划中的开发建设项目，可以通过导则，进一步明确每条道路路段应有的等级和功能，使道路网体系规划要求更为具体。导则编制人员从交通发展需求层面研究了道路周边地区的建筑环境密度，使道路断面设计更符合不同的城市功能和开发类型。

规划城镇密集区道路系统共 5 个层级。导则根据单项交通流模型确定区域和城镇干网；根据混合交通流模型确定网络分布和次级网络。

此外，导则从城镇密集区整体层面对道路建设项目进行了协调和统筹，为大众出行提供清晰的线路，确保道路网建设有序推进。规划的整体性是构建区域特征的一个重要因素。

除了上述三个区域层面的规划，洛桑市在 1998 年正式启动了"21 世纪议程"实施政策，并签署了促进欧洲城市可持续发展的《奥尔堡宪章》（*Aalborg Charter*)[2]。洛桑"21 世纪议程"制定了为促进儿童健康成长的城市交通模式：步行与校车。这种模式目前共有 39 条路线，平均距离 500 公里，服务孩童达数百名。家长或学校老师作为"驾驶员"，是孩童步行上下学的自愿陪护者。这种方式让孩童、家长和老师之间的关系更融洽、更紧密，也增加了人们的户外活动。人们从过去仅仅作为一名消费者的角色转变为更有责任心的市民。随着参与人数不断增加，这个项目还在扩大，而相类似的幼儿园步行系统也开始启动。

1　公共空间办公室是一个综合机构，负责处理公共空间规划和管理相关的日常议题。

2　在签署《奥尔堡宪章》时，洛桑至少在 3 个关键点上正式承认了从《雅典宪章》范式转变。第一，从分区方式转向功能混合和交叉政策；第二，不推荐交通自由流动和出行模式分离，而是推荐减少强制流动性，并恢复道路系统以各种形式进行流动；第三，从以专家为中心的城市化转向参与式城镇化。

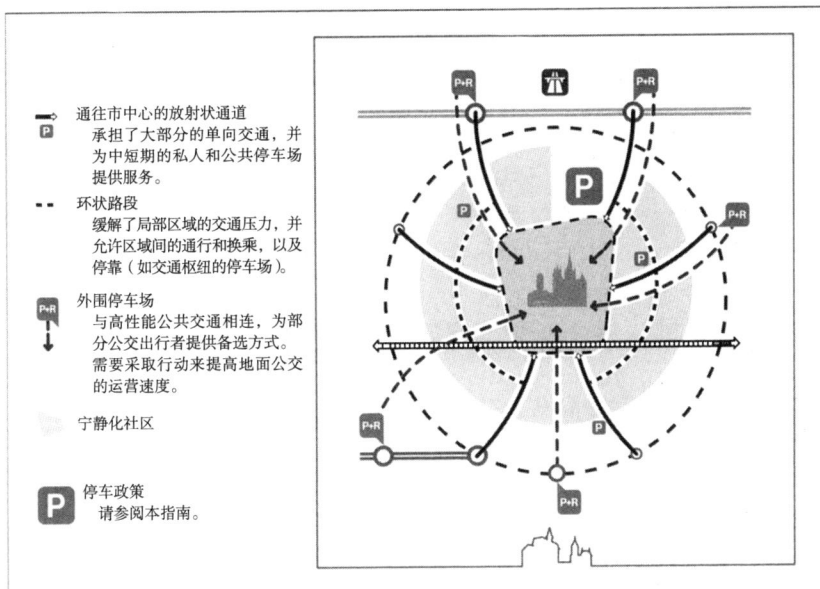

通往市中心的放射状通道
　承担了大部分的单向交通，并
　为中短期的私人和公共停车场
　提供服务。

环状路段
　缓解了局部区域的交通压力，并
　允许区域间的通行和换乘，以及
　停靠（如交通枢纽的停车场）。

外围停车场
　与高性能公共交通相连，为部
　分公交出行者提供备选方式。
　需要采取行动来提高地面公交
　的运营速度。

宁静化社区

停车政策
　请参阅本指南。

洛桑市交通可达性策略

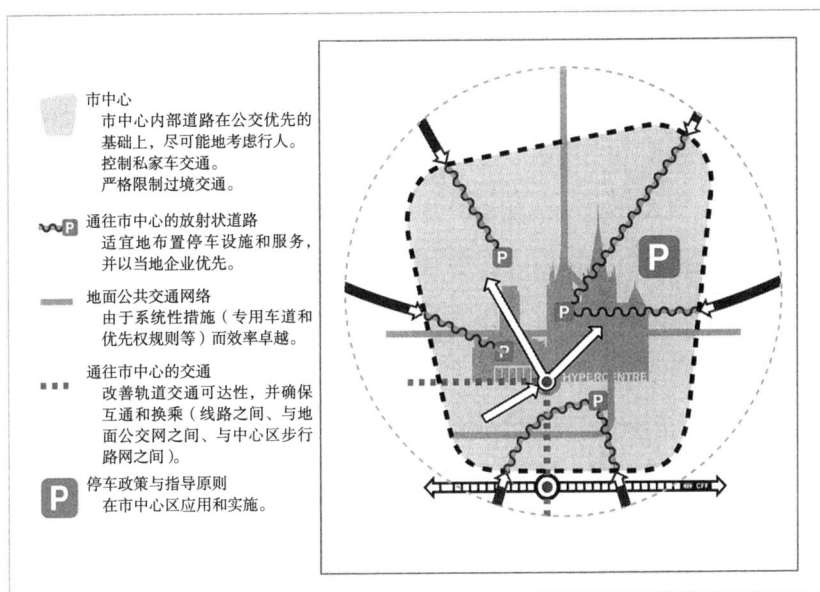

市中心
　市中心内部道路在公交优先的
　基础上，尽可能地考虑行人。
　控制私家车交通。
　严格限制过境交通。

通往市中心的放射状道路
　适宜地布置停车设施和服务，
　并以当地企业优先。

地面公共交通网络
　由于系统性措施（专用车道和
　优先权规则等）而效率卓越。

通往市中心的交通
　改善轨道交通可达性，并确保
　互通和换乘（线路之间、与地
　面公交网之间、与中心区步行
　路网之间）。

停车政策与指导原则
　在市中心区应用和实施。

洛桑市中心交通可达性策略

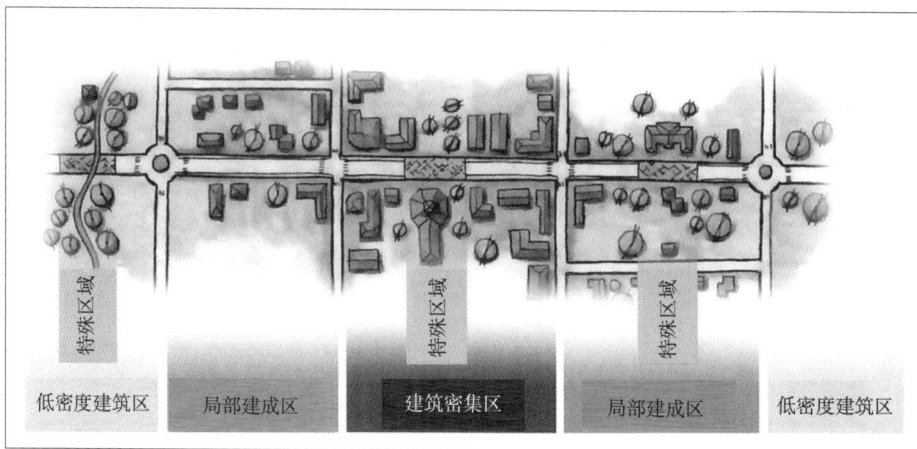

主干道沿线设计不同城市建设序列

修复步行空间

"洛桑花园"（Lausanne Jarolins）景观艺术节始于 1997 年。2009 年，约 30 位来自全球的景观建筑师在此盛会中，通过四条巨型长廊向世人展示了现代花园设计。这届艺术节主题为"颠倒的花园"（Upside-down gardens），旨在设计与 M2 轨道线紧密相连的步行系统，鼓励人们用景观和都市漫步的方式表达对公共空间的真实想法。

M2 轨道线建设涉及市中心商业区至湖岸长约 1 公里的自然步行道。洛桑市对此特别举办了一场旨在保护步行场地的设计竞赛。竞赛入选方案是"'连

洛桑的"步行校车"系统

连续的步行长廊，**8000 平方米的绿地和人行道，洛桑花园 2009**

字符'计划"（Trait d'union）。该方案在洛桑乌希码头车站（湖边）和格兰西车站（Grancy，靠近城市中心）之间构建出一条步行专用道。格兰西车站从步行道起点（室外）延伸至位于轨道线上方的混凝土建筑。这次竞赛活动不仅让公众进一步了解洛桑 M2 轨道项目，也为出行者带来一段轻松愉快的时空体验。

　　洛桑在 19 世纪末曾是一座步行环境便捷的城市，随着联系外围社区的桥梁陆续修建，这种情况发生了变化。建造这些桥梁曾被视为城市日常出行领

20 世纪 80 年代的弗伦社区

域的先锋做法。如今，M2 轨道线将休闲区（湖边）和商业区（城市中心）紧密地连接在一起，并串联起医院、学校等公共服务设施，其时代意义与当年修建桥梁不相上下，可以切实地提升城市生活的品质。

弗伦社区（FLON）：M2 线带动工业区周边社区的步行发展

轨道交通建设不仅可以承载日常交通出行的重任，还将引导站点周边地区的开发。弗伦社区就是此例。

弗伦社区的情况在欧洲很常见：地处城市中心，由单一私营主体开发，曾分布着成行成列大量的工业厂房。20 世纪末，随着时代的发展，这个曾经的工业区外围社区也面临着转型的挑战。在这个亟待重组或拓展的区域中，弗伦社区经历了一系列毫无成效的探索，终极蓝图式的规划也在此受

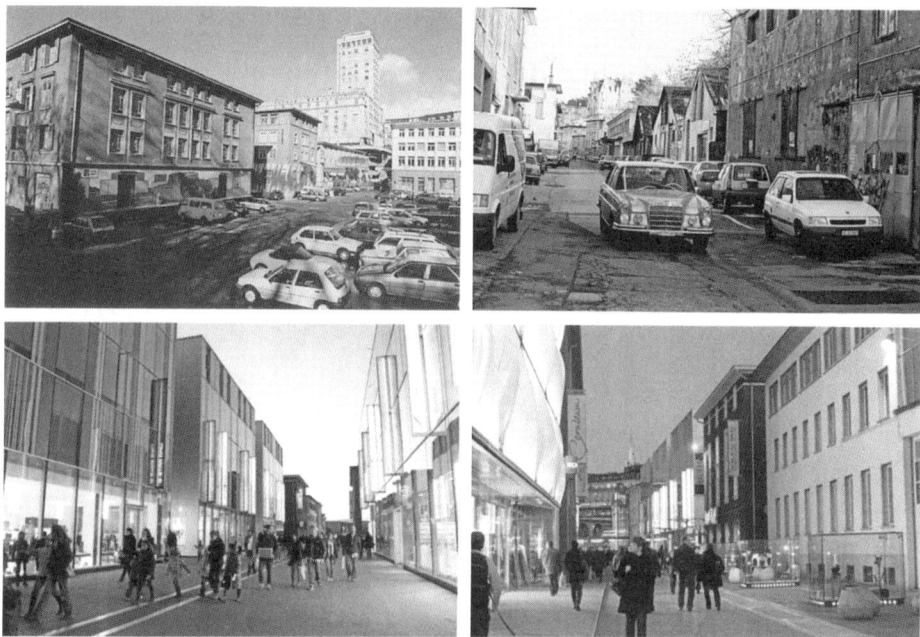

弗伦社区的环境氛围：原有的功能与新的步行中心

挫。社区发展中的不确定性因素很快将这里变为一个聚集了年轻群体和相对边缘人群混合的地区。结果，在公司和企业纷纷搬离弗伦社区之后，个体和一些机构成为主导力量。当弗伦社区的城市形象和品质开始恶化，这里也成为"任何事情都有可能发生"的危险区域。卖淫、毒品、非法交易等活动让社区缺乏安全感，更背上"危险地区"的恶名，尤其是在夜晚，社区治安更是堪忧。20 世纪 80 年代末，弗伦社区面临必须对未来发展作出选择的关键时刻：是固执地延续已被淘汰的工业功能，还是发展成为一个具有多种功能的真正的现代城市中心。

洛桑市选择了后者。洛桑在城市总体规划实施中，需要整合以下几个关键因素：赋予步行优先权、重组公共交通、提升交通流动性、保持 1930 年代的建设体量、减少城市土地变更成本、复兴城市中心。规划鼓励弗伦社区发展商业地产，通过多样化的店铺与文化保护项目（如爵士乐学校、电影院等）相结合，迅速提升社区吸引力，并通过租金差异化政策，确保弗伦社区中的部分功能得以延续。

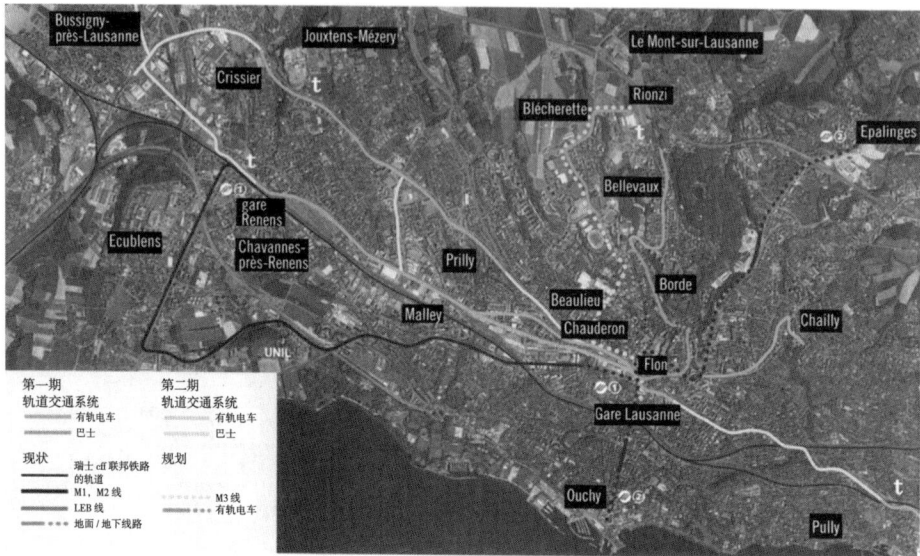

强轴计划，城市转型，2010 年 8 月

　　弗伦社区的发展把握住了战略时机，带来一系列影响社区建筑风貌的后续措施，建设成为拥有滑冰场、电影院、音乐厅等娱乐设施和休闲设施（板凳、台阶、凉亭）的大型户外购物中心，并且建筑立面的装饰风格各具特色。

　　M2 轨道建设带来 55000 平方英尺的工业区外围地区改造，为步行者们创造出新的聚集中心，实现并整合了多功能混合与形态多元化的发展。

区域战略展望

公共交通走廊强化城市转型

　　规划提出多项提升公共交通走廊密度（强化道路交通基础设施）的措施。首先，雷恩站（De Renens）至弗伦站规划一条新的轨道线，并新增 5 项服务。其后，规划确定了实施措施细则，包括：新建轨道 M3 线，改善上山的交通出行，强化城市中心与西北部地区的联系。

　　洛桑—莫尔日城镇聚集区项目的 40% 资金来自国家。"聚集轴项目"

圣弗朗索瓦广场电脑效果图

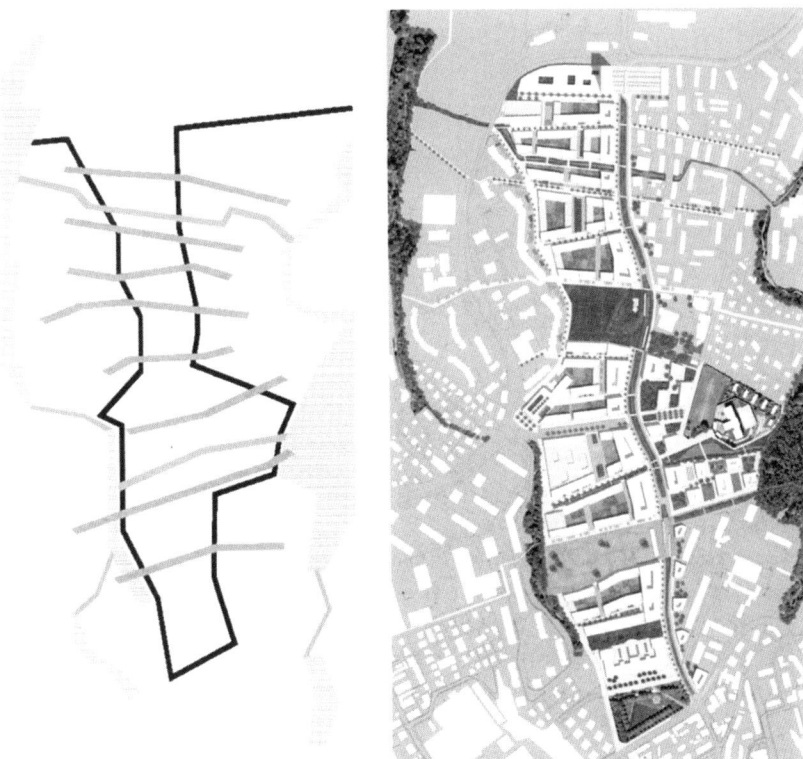

街区"缝合"概念设计与生态区（ZIP 项目）场地规划

（"Axes Forts"）对洛桑城市公共空间建设与发展影响巨大。日内瓦大街（Rue Pe Geneve）以机动车交通为主，因此规划中采用了以柔性交通和城市轨道为主的改造方式。M3 线与其他交通（轨道 M1 线和 M2 线、洛桑—埃沙朗—伯彻城际线 LEB、巴士、待建的轨道 M3 线）在欧洲广场相接，是弗伦城市枢纽站之一。规划建设连接欧洲广场站与中央广场站的轨道线，并大力发展公共交通和步行，推动公共空间更新改造。

规划至 2020 年，随着格兰大桥逐步限制私人汽车通行，圣佛朗索瓦教堂广场的机动车交通流将明显减少。这个曾经以通行为主的交通性广场将转变为更适宜步行、自行车骑行和巴士交通的公共空间。

最后，以推动公共交通发展为主的"聚集轴"项目冠以"城市嬗变（Métamorphose）"之名，成为支撑洛桑城市近期开发建设的城市政治纲领中的一部分。洛桑在建的城市项目以构建现代体育设施、打造生态街区、发展高品质的公交系统为主。规划并积极开展公众参与活动，确保项目设计能够更好地体现人群需求。

步行活动：洛桑，一个适宜步行的城市（洛桑：走路有益身心）

步行发展

为了实现"更多行人，更多行走"的目标，哥本哈根市开始推行一项步行发展策略。宜人的环境、更好的可达性、保证步行安全性和舒适性也是其他交通模式顺利运行的前提。众所周知，步行是所有出行旅程的起点和终点。通过具体路段的交通统计、居民出行调查和步行数据可以确保我们实现发展目标。步行是哥本哈根绿色交通总体规划中的一部分，而步行数据可以反映都市生活，有助于实现更好的都市生活。

"城市嬗变"计划：强化城市空间形态

为了推动城镇聚集区更具现代化和城市性特征，"城市嬗变"计划采取以下四项措施：

——加强公共交通走廊建设，改善城市出行条件；

——均衡南北地区体育设施布局，满足大型体育赛事要求；

——建设卢普平原（Plaines-du-Loup）生态示范区[1]，利用公共空间"缝合"城市新区与周边地区；

——在项目的不同阶段，按主题组织居民或团体性公众参与。

洛桑市

1　项目共两栋建筑体，采用了 Minergie-P-Eco 节能标准。为了与周边尺度相协调，其中较大的建筑体由两个小部分组合而成。而北立面保持与毗邻建筑相正交，南立面不规则阳台与相邻河流与森林等自然要素相呼应。建筑围合空间可以享有美景，并形成公共空间，结合周边用地整合景观与交通要素，让社区中心更具吸引力。——译者注

结论

在过去半个世纪中，洛桑通过公共空间的建设巧妙地整合了所有交通模式。从 20 世纪 60 年代早期开始，洛桑便将城市商业中心区的主干道改造为瑞士的第一条步行街。在 20 世纪 90 年代中期，奥尔堡宪章出台之后，洛桑根据城市开发建设规划和公共空间建设纲要，建设了城市步行系统，赋予步行在公共空间中的通行优先权。而 2000 年，M2 轨道线项目为洛桑的城市交通带来全新的发展方向。步行与其他交通方式协同发展，逐渐形成以步行为中心的出行网络，这一特征在洛桑车站至湖区之间的地区尤为明显。

M2 轨道线建设是为了改善城市居民出行移动性[1]，结合站点建设公共空间的模式，例如，弗伦枢纽站推动了工业区向城市新中心转型。

此后，洛桑将调整城市道路交通等级，继续推进市域空间重组。交通网络建设不仅要提升各城镇在功能聚集区的可达性，还要有助于各项交通模式的发展。此外，交通"聚集轴"计划在 2016 年的实施重点，是全力推动城市私人机动车向公共交通转型，以此激发更多步行主导的公共空间更新项目。

最后，洛桑以公共交通走廊发展框架为引领，计划通过建设可持续生态社区来优化"城市嬗变"计划，从而增强邻里关系。

以上这些项目代表了洛桑在区域层面的城镇发展战略。城镇聚集区发展必须以内生式增长为目标，让战略性空间成为兼顾开发密度与城市品质并有的城市化驱动力。

步行尺度上，该战略的目标是改善交通流动性，促进交通可持续发展，并与建成区的现状复合型交通换乘空间体系相结合。

---

1 这里的移动性可以定义为一种行为。这种行为是构建促进个体、团体采用交通模式的机制，即，通过交通引导项目开发。已有的成功经验让我们相信，移动性包括可达、技术和投资等因素在内，阐述了可能的移动形式如何转变为城市出行本身。

洛桑花园中的欧洲广场

　　在公共空间与建成环境复杂的关系中，建设强度[1]的概念（包括密度、集中性／混合使用功能和品质）需要对城市现实有更为精心的考虑。"密集城市"的概念揭示出城市发展的战略方向，在确保大型体育、文化和交通设施建设的同时，实现开发强度与紧凑性的统一，让环境优良的步行公共空间成为促进城市用地功能混合的主导力量。

1　强度的概念可以从三个维度进行定义：①解释的维度：密度、集中性和公共空间的高品质是城市强度的来源。②分析的维度：强度的概念在主观和客观层面提供我们一个分析的工具，用于思考密度、中心性和城市品质的对比。③实用的维度：强化城市意味着开发、采用、权衡我们行动（调整城市密度、增加城市活力等）调整城市形态系统，为了产生一个更有活力、公平的、美好的和愉悦的城市。

第5章

伦敦：共享空间与步行系统

第二次世界大战后，出于安全的考虑，英国将人车分离作为道路设计的首要原则。人们认为，机动交通过度膨胀与城市居住、工作和娱乐的分区布局并不兼容。随着《城镇交通》（1963）（*Taffic in Towns*）一书宣告"汽车时代"的来临，这种观念更是深入人心。英国战后曾预测，1963年的机动车出行量为1050万辆，到2010年将增长4倍，达到4000万辆。更重要的是，当时普遍认为，汽车的普及指日可待。

在英国，人们普遍认为，有序的机动车交通组织是实现安全出行的前提，这依赖于信号灯、标识、车行线、专用车道和行人护栏等道路设施的合理布局。但是，人车分离的智慧在英国，尤其是伦敦，一直受到质疑。越来越多的人认为这种做法束缚了人们通行的自由，也有损都市景观。当英国的交通拥堵状况愈发严重，像伦敦这样人口密集的城市地区，人们似乎成天都在疲于处理机动车交通带来的各种混乱。

伦敦交通局和市镇当局重新评估并开始启用人车分隔的传统方式，旨在平衡不同交通的空间需求，实现多种交通模式和谐共存，让街道更美观，也更安全。

但是，伦敦部分行政区域采取了一种新做法，在机动车主导的地区引入空间共享计划，即平衡机动车与其他交通的优先权限，包括降低路肩、拆除隔离栏杆等街道设施，以促进所有交通方式通行更流畅。

街道设计中的空间共享措施是以个体与环境的互动关系为基础——让每位空间使用者成为整个空间中不可分割的部分，他们在使用空间的同时，保持着一定的谨慎，相互关注彼此并考虑他人。这种理念借鉴了行为心理学和风险补偿理论。较之英国管理道路安全的传统手段，这种共享道路空间的做

考文特花园的街道

考文特花园皇后大街的座椅与垃圾箱

法更侧重于对道路使用者施加外部约束，引导人们遵守交通法规。

伦敦市中心的无障碍区域合作制度（Clear Zone Partnership）开创了一种平衡道路优选使用权的新途径，被认为是一种更精明的管理方法，因此也被称为"精明街道"。它是一种结合交通新技术的应用，对街道设计方法进行的创新，其设计原则就是通过精心安排街道空间的功能，实现所有道路用户群体的利益最大化，用较小的改变获得最大的成效。特别是在财政紧张时期，这类设计有助于实现投资效益最大化。

精明街道的布局理念包括空间集约化设计，譬如，采用集合板凳、垃圾箱等功能于一体的街道家具，改善街道空间杂乱的现象，降低建设成本；使用具有自行车停放功能的护柱；选择兼有多项标识功能的立柱，结合建筑立面设计街道照明。其目的是让街道环境整体有序、干净整洁。打造美观又实用的公共领域应以建筑为背景，更好地展现城市风貌和环境品质，而不是被街道家具所遮掩。

伦敦导视系统（The Legible London System）是一项为人们交通出行提供信息查询的服务。经过深入的调研、开发、测试和评估，该系统已经可以提供较为清晰、可靠、准确的步行信息。在"伦敦市长的城市愿景"计划中，一项非常关键的内容就是为市民提供出行资讯，为人们选择出行方式提供参考。系统中的电子触屏和电子地图，可以帮助人们查找尺度为 5 分钟和 15 分钟步行范围内的目的地，并规划出街区内的最佳步行路线。

此外，"共享空间"的目的是，通过限制机动车速度，来削弱其对街道的

皇后大街改造前的交叉口

皇后大街改造后的新入口空间

主导地位，从而激发街道活力。这种方式会给机动车驾驶增加很多道路中的不确定性，进而在所有道路使用者之间构建起任何时候都能相互尊重的关系。从英国实施的共享空间计划看，其控制要点是机动车的速度，而非道路的交通量。这也是实现空间合理分配，保证不同出行方式都能自由、流畅的关键。

差异性

　　英国对共享空间有多种解释。例如，"分隔共享空间"是将同一道路的不同使用功能相互分离（按时间或空间），类似于在步行道与自行车道的共享路

项目启动前的皇后大街街景

面上，用划线的方式区分两者的使用路径和区域。相对的，无分隔的共享街道空间则允许不同交通方式在街道中混行。这两类共享街道之间还存在不同的共享层级。在英国，完全共享式的街道空间是指，适时赋予所有交通方式合理享有同等的街道使用权。在此情况下，道路使用者需要高度关注与其他交通方式的关系，以及周边交通状况，将自身通行与周边环境结合考虑。这种方式虽然不适用于伦敦所有地区，但已逐渐在许多地方得以实践，并作为强化空间共享和平衡交通需求的新契机。

汉斯·蒙德曼比较了道路空间"共享"和"分隔"之间的差异。他认为，"分隔"的类型包括：完全式的、可预测的、计划性的、强制的、同一的、技术主导的、政府主导的、速度主导的和避免冲突的。这种传统的人车分隔的道路布局模式，实际上增大了对交通基础设施建设的依赖程度。而街道空间的"共享"方式可以是多样化的、不可预测的、自发的、自愿的、个人的、关系导向的、社区主导的、休闲的、管理冲突的，更依赖环境品质的提升。

从伦敦众多新建的公共场所和街道提升的实施计划来看，"分隔"与"共享"的空间特质截然不同，采用何种方式仍需要考虑街道所处的区位和环境。因此，为了更好地实现街道空间共享的目标，区分设计理念和方案的优劣都十分关键。否则，空有好理念的设计，无论是"分隔"还是"共享"，都难以获得应有的效果。

伦敦卡姆登区皇后大街

伦敦在一项针对市中心街区宁静化的研究中提出，将过度设计的考文特式花园交叉口改造成一个以步行为主的空间。这项改造计划是通过鼓励步行，让不同交通出行方式享有同等的道路使用权，进而促进零售业的发展，并提升公共环境品质。在评估了伊斯灵顿区利物浦街空间共享措施所取得的成效后，卡姆登区备受鼓舞，期望在皇后大街考文特花园路段改造中引入同样的设计理念，同时力求进一步的创新与突破。

皇后大街在高峰时段的人流量和车流量分别为 2500 人 / 小时和 788 辆 / 小时。其中，从长亩商业街至海霍尔本街办公区之间的步行路线需求非常显著。

为支持这条路段的步行发展，卡姆登区对皇后大街与特鲁里巷的交叉口进行了改造。改造前，皇后大街是一条双向双车道，行人穿越交叉口需要借助位于双向车流分隔带的过街安全岛，这也导致街道两侧人行道狭窄且通行不畅。

改造方案提出将交叉口建成一个全新的公共空间，包括：采用单向双车

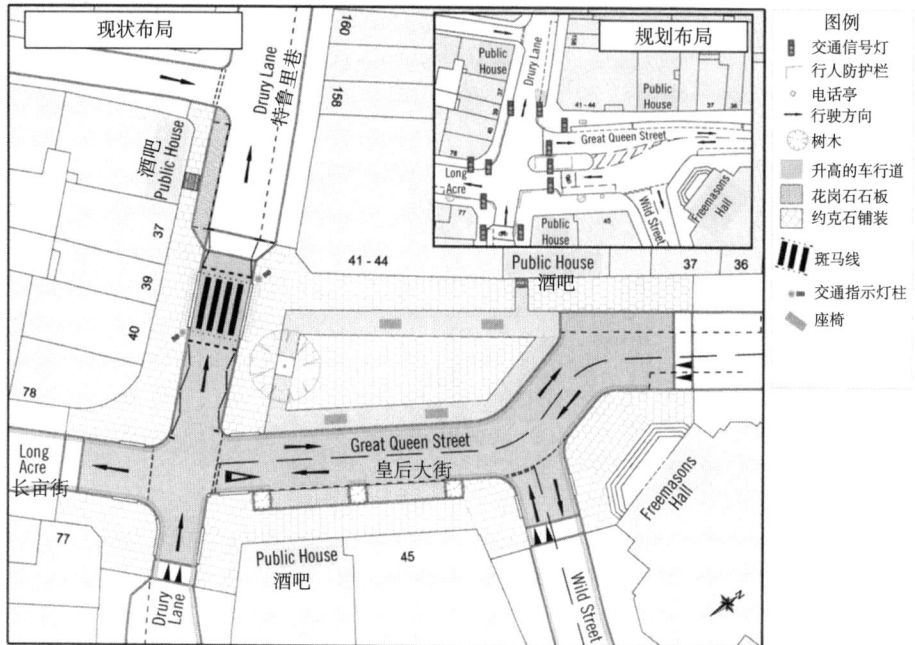

皇后大街改造概念方案

道保证机动车通行流畅；降低路沿石高度，仅用不同材质的铺装区分出步行空间与机动车道，让多种出行方式在街道空间并存，并得到良好的发展；拆除特鲁里巷上 64 英里长的护栏，清理杂乱的街道家具和设施，为行人提供更为自由灵活的空间。人们可以沿特鲁里巷步行至新的公共空间，随着步行交通的增加，机动车驾驶者经过该地区时也会有意识主动减速。

经过为期两周的检测与分析，根据信号灯开合前后的行人与机动车交通量，规划评估了道路的安全性，并拆除了原有的交通信号灯，避免因交叉口改造的设计缺陷造成交通事故。

在卡姆登区的实践中，降低人行道与机动车道之间的路缘石高度，不仅是优化街道空间的关键举措，也充分契合英国《残疾歧视法》对相关设计的要求。例如，车行道上采用颜色对比度较高的道路标记，有助于视觉障碍群体的辨识，从而提高了他们的出行安全。

伴随着新公共空间的建设和人行道的拓宽，在皇后大街交叉口改造项目中，共拆除了 11 组交通信号灯、信号控制器、若干灯柱、两个电话亭和一个停车收费咪表，而新建十字斑马线作为正式的道路穿行设施，有效地避免了交通冲突，改造前后该地区的交通事故量均为零。

皇后大街改造项目代表一种实现空间共享的模式，用局部分隔加明确标识的方式，让所有交通出行方式能共享同一个空间。该项目不仅赢得社会各界的广泛赞誉和支持，还荣获了多项奖项与媒体的关注。

伦敦萨瑟克区沃尔沃斯路

沃尔沃斯路是伦敦的一条城市交通性干道。道路位于泰晤士河南岸，北起大象堡地铁站，南至阿尔班路交叉口，并与坎伯威尔路北段相接。同时，沃尔沃斯路也是城市巴士专用道路网的重要部分路段，日均车流量高达 2 万辆，平均每小时巴士交通量达 80 辆。此外，沃尔沃斯路沿线是热闹繁华的商业购物区，两侧人口密度极高，日均步行交通量约 2 万人次。2008 年 3 月，萨瑟克区实施该道路的改造计划。

道路车行道原有多种宽度，从两条到四条不等，地形起伏与巨大的车流

2010 年 9 月的沃尔沃斯路街景

量，加之缺乏正式的人行过街设施，已严重阻碍了步行交通。

据统计，1999—2001 年期间，该路段共有 243 起交通伤亡事故，其中 30% 为行人与自行车间的碰撞。此外，摩托车造成的交通事故也特别多，占 25% 以上。这些数据暗示了步行和自行车骑行是道路使用者中的弱势群体，其受伤比率极高。

沃尔沃斯路改造计划强调平衡各类交通方式的优先级，以及公平分配道路空间资源的重要性。与皇后大街的改造有所不同，沃尔沃斯路遵循传统的街道布局形式，用路缘石来分隔人行道与机动车道，但在行人与机动车交汇处设计为共享空间。此外，保持街道的整洁与有序也是该计划的一项重点。

进一步对沃尔沃斯路调查，结果显示：

——该路段严重缺乏正式的过街设施；

——行人的人身安全面临威协，需设置大量护栏进行引导与限定；

——宽阔的车道导致机动车行驶速度极快，在傍晚时段尤为明显；

——频繁的停车与货物装卸活动造成公共汽车专用道阻塞；

——沿线狭窄的人行道被两侧商业店铺的广告牌或街道设施所侵占。

因此，改造计划需要的目标包括：

——必须将事故伤亡率降低至符合国家与地方政府的相关标准和要求；

——鼓励步行，改善街道景观，营造和谐友好的氛围；

——结合大象堡地铁站的改造，促进周边地区更新和发展。

这些目标总体是为了构建一个更具社会包容性的空间，有助于促进当地经济繁荣。

当地警方认为，街道照明质量差和人行防护栏设计不合理导致了"逃生路线"受阻，是该地区高犯罪率的一项原因。对此，改造计划提出应鼓励步

行优先，将该地区从一个机动车主导的交通廊道转变为以步行与自行车交通
为主的街道，并推动商业零售业的发展。

为确保计划顺利实施，并获得资金支持，萨瑟克区在项目开发和设计中
充分咨询了各社区的意见，包括在最终的行动计划中满足交通弱势群体的需
求，具体措施包括：

——发放公众调查问卷；

——举办设计工作坊；

——审核自行车道建设项目；

——审核步行街项目。

沃尔沃思街改造计划还包括以下措施：

——将交叉口原本架在车行道区域的信号灯，迁至路肩；

——拆除人行道原有的隔离护栏，拓宽重要的人行路段；

——提升接入道路的交叉口路面设计，形成无障碍步行通道；

——设计港湾式停车与装卸货物区；

——修正信号灯相位，减少行人等候时间；

——改善断面形式，确保所有道路使用者的交通安全；

——整合信号/路灯支柱；

——布置自行车停车点和换乘区；

——增加树木种植。

沃尔沃斯路街景

为彻底消除原有的道路安全隐患，改造方案专门对道路设计与交通安全进行了审核。

通过对比改造计划实施前 36 个月交通事故数据与改造后 22 个月的可用数据（为了更准确评估项目效果，将这 22 个月的数据进行了分解，处理成可以代表 36 个月的时间段），结果表明：

改造前，该路段的交通事故共 63 起，而改造后增加到 68.7 起（将改造后 22 个月内的 42 起处理成对应 36 个月的数据分布）。也就是说，在改造后的 22 月内，交通事故数量明显增加，尤其是导致死亡和人员重伤（KSI）的事故总数明显上升。

改造前 36 个月内，KSI 事故共 6 起，而改造后 22 个月内，这一数据增加了 67%，KSI 事故上升了 173%，增加到 16.4 起；涉及行人的交通事故也从改造前 36 个月的 21 起，增加到改造后的 24.5 起（改造后 22 个月共 15 起）。

虽然，重大交通事故的数据看似没有变化，但将"改造前"与"改造后" 4 个月内的数据均按 36 个月换算，"改造后"的重大交通事故数量则为 6.5 起，增加了 62.5%。

此外，涉及自行车的交通事故从改造前的 8 起，大幅增加到改造后的 19.6 起（根据改造后 22 个月内 12 起进行换算），上升了 145%。自行车的 KSI 事故数据变化较小，从改造前 36 个月的 0 起增加到改造后的 1.6 起（改造后 22 个月内共 1 起）。

肯辛顿—切尔西区的肯辛顿大街

肯辛顿—切尔西皇家行政区的政策导向清晰，方向明确，即，改变街道杂乱无章的面貌，结合不同交通方式之间的分隔形式，实现街道空间的共享。其中，肯辛顿大街的改造项目已经完成，而展览路的改造处于实施建设中。两个项目采用了不同的方法。

肯辛顿大街对街道设施的清理和整治力度更大、更彻底，包括：移除所有护栏，仅保留必要的安全防护栏；简化车行道标识线，使之更清晰；不管街道原来为何种断面形式，都尽可能地拓宽步行道；对于传统街道断面的路

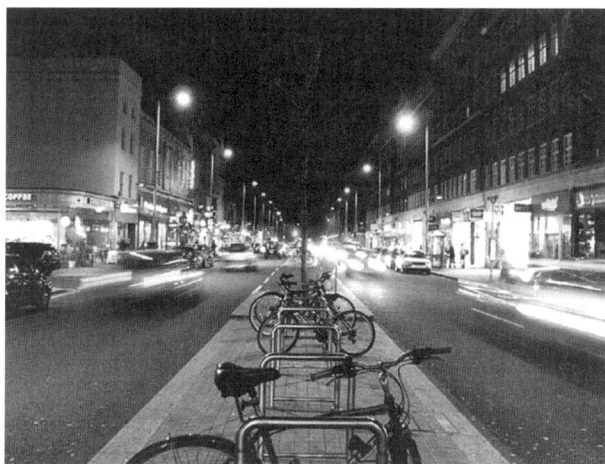

肯辛顿大街街景

段，通过调整车行道与人行道的高差，设计无台阶的过街通道，使步行活动更自由，行人过街更安全、更灵活，从而提升共享空间的体验。此外，机动车驾驶员也需要更加关注行人的活动，提高在道路路口的警觉性。这种主动的、自律自觉的、预防安全事故的做法，有助于平衡街道空间的不同使用需求。肯辛顿大街是"裸街"[1]式空间共享的典型。即，人行道与车行道仍保留传统分隔方式，将行人过街通道与中央安全岛的区域处理成共享空间。并且，尽可能地减少隔离墩和行人防护栏等道路设施，从而让道路使用功能更合理、更均衡，为所有道路空间使用者创造一个干净、简洁、清晰的视觉效果，增强步行的安全性。

从肯辛顿大街的实施效果来看，涉及行人的交通事故至少下降了40%。遗憾的是，目前实施后的数据尚不充分，无法对"之前"与"之后"的交通事故伤亡人数进行更可靠的比较分析。

肯辛顿—切尔西区的展览路

肯辛顿—切尔西区的展览路因其两侧云集了世界著名的博物馆、大学和众多历史建筑而久负盛名。这条精英荟萃、充满文化氛围的特色街道，每年吸引着大量的行人和游客。1851年世界博览会期间，展览路曾作为活动的公共空间。然而，由于该地区每年到访的游客量巨大，展览路原有的宽阔路面仍无法满足交通需求。特别是，道路的人行道狭窄，宽度仅有4英里，根本无法容纳每天成千上万、经此前往维多利亚和阿尔伯特博物馆、自然历史和科学博物馆的参观者。展览路南端入口区尤其不受游客欢迎，不仅缺乏特色，没有展现出应有的景观品质，而且空间体验感也不佳。

肯辛顿—切尔西区和伦敦交通局共同修订了《伦敦市长计划》（Mayor of London），其核心理念是：塑造简洁清晰的街景，构建共享空间，凸显展览路的国际地位。该计划在2003年获得伦敦市长办公室的资金支持后付诸实施。

1　裸街（naked street）：指没有任何交通标识、路标或者信号灯的街道。——译者注

肯辛顿大街布置自行车停放点和
铺装可感触的安全岛

　　肯辛顿大街的改造取得了显著成效，其成功经验包括：拆除并清理行人
护栏；改善道路照明、补种街道树木；支持公共艺术的发展；将公共交通站
点在地铁站入口区统一整合，让街景更加清晰整洁，形成完全共享的空间。

　　然而，展览路的完全共享空间计划也受到一些团体的批评。这些团体代
表了那些因视觉受损而出行不便的群体。他们认为，尽管完全共享空间增加
了步行活动的自由度，但由于缺乏传统街道设施的引导，例如路沿石、标识
牌等，可能会让视觉障碍者的出行变得不安全和无所依靠。为了回应这些批
评，确保所有人享有自由且自信的出行体验，一个名为"导盲犬"的盲人慈
善机构与肯辛顿—切尔西区及项目合作伙伴威斯敏斯特市议会宣布了一份联
合协议，旨在共同商讨并制定出合理的解决方案。

　　作为协议的一部分，"导盲犬"等残障群体组织将与地方行政机构紧密
合作，进一步研究道路铺装、盲道设计，使用可感知的标识来区分人行道与
机动车道的界限。这些针对盲人和弱视人群的解决措施将在实际应用中测试
其效果，并在充分征求方案审核小组、"导盲犬"等相关机构意见的基础上
进行调整、推广和评估。

肯辛顿—切尔西区也表示，如果这些尝试仍无法很好地解决视觉残障群体的出行问题，他们将与设计小组一起修改方案，以确保所有道路使用者都享有安全的通行环境。此外，协议还提出了让步行活动在展览路上享有优先权的建议。"导盲犬"机构支持肯辛顿—切尔西区向英国交通部提出申请，希望在单一路面道路引入新的标识。改造计划完成后，"导盲犬"与其他残障群体组织还将参与后续的监测工作，与区行政机构携手努力，引导盲人和视力受损人群适应改造后的街道环境。

"共享空间"的无障碍设计

残障人士的出行在"共享空间"中会涉及多种交通方式，因此，需要借助特殊的道路标识和可识别的道路特征。这对于盲人和弱视人群尤为必要。

共享空间的设计原则是清除杂乱的道路设施，尽可能减少道路的交通性特征和对交通行为的限制，但这些目的也可能给视觉障碍者的出行带来困扰。因此，共享空间也被认为并非完全具有包容性。

交叉口设置交通信号灯可以为盲人等视力受损人群提供安全感和保障。如果取消这类控制设施，他们的出行安全只能依赖机动车驾驶者、其他步行者的细心和关注力，或是通往自身对来往车辆的声音进行判断。

英国对于盲道的铺设有着非常详尽的规定，这也许会让初次接触者感到一定困惑，然而，无论是否没有信号灯管控，人行横道在布局设计与样式细节上都存在微妙差别。在无信号管控的人行横道上，如果缺乏必要的听觉或触觉道路辅助设施，那么出行的不确定性和不可预测性可能会加剧盲人或视觉受损人群的恐惧感。同样，虽然灯芯绒式的条纹铺装可以让视觉受损者透过鞋子感知路面，但他们无法区分当前是在自行车道还是台阶坡道上。

道路标识和路缘石能够为盲人或视觉受损者的出行提供宝贵的导航辅助。可是，如果步行道的布局中缺乏合理的对齐，或者街道家具随意摆放，这些因素也会成为盲人或视觉受损者出行的障碍。伦敦交通局颁布的《街景导则》详细规定了街道家具的设置标准和布局要求，以确保步行环境的安全和通畅。

同样，共享空间的设计应考虑盲人或视觉受损人群的需求，帮助他们确定所处地点，通过路线上的声音提示和清晰可辨的触觉设施提供导航指引。当前完全共享空间面临的一个主要批评是，这些方案往往忽视了任何垂直或其他可辨认的方法，以便明确区分行人和机动车交通。无论步行优先还是机动车主导的区域，视力正常的人群往往能通过眼神交流做出更好的判断。但是，对于盲人和视觉受损者来说，他们需要依赖路缘石来明确警示安全与非安全区域的分界。

"导盲犬"组织认为，共享空间中存在的安全隐患对盲人和视觉受损人群构成了歧视，违反了英国残疾人歧视法案的相关要求，其中，第三部分指出：方案设计应确保残疾人的利益。"导盲犬"执行主任理查德·利曼评论道："盲人和视觉受损者已向我们反馈，共享空间让他们感到身处于茫然与沮丧的环境之中。这妨碍了他们享受其他人视为理所当然的自由和独立。"

共享空间已积累了较为丰富的经验，可以合理地付诸实践。但是，正如案例所示，当中关键的一点是，空间设计方案和理念必须考虑各地的差异。

结论

伦敦街道共享空间改造项目的日益普及，反映出人们在步行优先和营造宜居环境方面的观念转变。提供精准且实时更新的步行信息（如伦敦导视系统）能够改善步行空间，鼓励步行活动。

共享空间所蕴含的核心原则是，促使人们以适当谨慎的态度关注空间的功能。由此，重要的是，能充分理解街道布局中有无分隔带的差异，以及不同街道布局的适用场景。实现公共空间共享的基本前提是提升机动车驾驶者对周边环境的警觉性，特别是在有步行者的场所降低车速，以确保行人安全。

皇后大街改造项目需要支撑商业的发展，因此，设计方案提出了通过营造舒适的步行环境，来吸引更多行人和相关活动，以此促进商业与零售业的发展，实现经济振兴与繁荣。

沃尔沃斯路整治项目是通过合理布局道路设施和街道家具，实现街道总体环境与品质的优化。但是，该项目不足之处在于，未能有效地解决行人安全问题，化解交通事故中的人员伤亡等负面影响，这也体现出设计理念合理性是何等重要。

展览路改造项目以其在伦敦的文化地位和知名度为设计前提，力图打造世界级的伟大街道，重新规划和组织步行交通，扩充空间容量，接纳更多的游人与访客。

这些项目为我们提供了创造良好步行环境的经验，同时提醒我们，对于那些出行障碍者，特别是对于盲人与视觉受损群体来说，共享空间可能会让他们深陷迷茫和沮丧之中。因此，合理布局街道空间是实现步行环境包容、友好的基础。

街道设计需要考虑空间的差异性，并针对空间特点提出有针对性的方案。在英国，尤其是伦敦，与城市各类共享空间相关的研究和实践将进一步加深我们对于这种空间运作的理解，也为未来构建完全共享、具有包容性的环境设计奠定坚实的基础。

第6章

里昂：可持续的城市交通

另一种城市生活

可持续发展和交通方式的变化：罗纳河河岸首次公众开放

在过去十年里，里昂市及大里昂地区向世界展示了一种新的城市公共空间开发模式，既满足了新兴的城市生活需求，也实现了交通布局可持续发展。2007年，罗纳河河岸首次向公众开放，是这一开发模式形成的重要标志。当时，从道路到河滨是几个公共活动的筹备区，例如，"夏日露天咖啡"（the summer of open-air cafes）。这种开发模式不仅备受大众欢迎，而且为河岸码头空间转型注入了新的功能。

罗纳河岸开发项目由建筑师伊莲娜·卓丹（Hélène Jourda）与 In Situ 景观建筑事务所共同主持，当中规划了一条超过5公里长的步行道，用柔

法国拉吉洛蒂尔滨水平台

罗纳河河岸

里昂汇流区：水绿环绕的紧凑型街区

性交通模式将休闲、体育和家庭活动等多个功能组团串联成一体。该项目不仅承载了多项社会性功能，还响应了气候变化行动纲要的要求：保护大气环境，维护生物多样性。所以，罗纳河岸开发是一个真正的整体性项目，而非零散的广场或孤立的公园建设，是用可持续发展的方式在城市内部构建起各种联系。某种程度上，这个项目代表了一种新的构建城市网络的方式，并在其他大型项目得到进一步发展，包括大里昂地区[1]以及索恩河岸等宏观尺度的绿廊和绿道建设。

这些重大项目成为建设城市系统的一部分，推动城市的能源利用与交通出行方式朝绿色、低碳的方向发展，例如，鼓励公共交通、步行和自行车交通。因此，以这种新的模式为基础，逐渐形成新的交通出行结构和布局："短距离出行的城市"——结合绿道与周边自然环境，形成多极、开放、密度适宜的空间结构，实现城市的历史遗产、文化艺术与开放空间的相互融合。

变革城市开发和管理的范式

城市及其功能的转变深远且显著。个体出行行为正在发生变化。与此同时，城镇聚集区管理机构也开始推动绿色交通，创造更具活力的公共空间等工作，以适应这一新的发展趋势。

在规划方面，城镇聚集区通过区域协调规划整合了多项可持续发展的战略目标与政策计划，并将其落实到各个城镇空间。

对机动化采取全方位交通服务和多式联运的管理，逐渐成为大都市区发展政策的一部分，逐步影响和改变着新的公共空间开发计划，特别是在空间的功能布局、社会互动影响、城市美化等方面。

沿着罗纳河骑自行车

沿着里昂有轨电车线（LEA）骑自行车

1　大里昂：Grand Lyon，大里昂地区主要包括里昂市及其周边的多个市镇。

"城市肌理"

大里昂地区基于对城市重要公共空间的现有经验，深入调查了机动车交通影响最严重的地区，并对这些地区的公共空间提出相应的柔性交通改造策略。

城镇聚集区开发项目代表一种国家层面的政策转变，并且日益增强的公共意识也让公共机构关注和参与这些新型交通实施项目，重新思考城市日常角色和作用——满足功能需求的同时，更为首要的是向社会性活动开放、合理分配资源、保护文化遗产、组织文化活动和消费。

这些新举措丰富了城市肌理，同时转化为具体的行动，例如：

——拆除梅尔莫兹—皮内尔（Mermoz-Pinel）高架，重启红十字山（Croix-Rousse）和富维耶山（Fouvière）交通隧道大型工程；

——改变交通严重拥堵和停车占用的现象，恢复滨河空间，包括：罗纳河河岸，索恩河，库塞运河；

——实施交通稳静化措施，改造城市核心区货运道路，包括：加里波第与左拉商业区，西至索恩河岸，东到里昂主宫医院一侧的南北向干道；

——建设城市绿道以及联系公园与生态区的"自然"空间，右岸空间延伸至里昂—维勒班商务中心区和外围卫星城镇的中心。在城镇聚集区内新建绿色基础设施，如，里昂有轨电车（LEA）、里昂至北部瑞利克斯高原轨道线提质改造等。这些功能复合的联系廊道，具有艺术、文化与景观价值，有力地引导与组织城市空间结构的塑造与发展。

道路运输系统的快速变迁

城市转型正在加速，具体表现在：减少城市货运主干道的用地，促进步行道的空间拓展；设置30公里/小时限速区及里昂半岛区的逆向自行车道，支持最近出现的汽车共享出行。虽然转型过程中的谈判和协调工作困难重重，但已得到了城市居民的大力支持。罗纳河沿线熙熙攘攘的广场与公园（数量还在持续增加）足以证明这一点。在此举办的舞蹈艺术双年展、文化庆典和街头活动都吸引着大量的人群。与此同时，这些城市的新空间也推动文化活动的蓬勃发展。而 2001 年至 2008 年期间，里昂 / 维勒班的机动车交通下降了 21%。

规划与建设中的环境意识

大里昂地区规划（Grand Lyon's Mandate Plan）以应对气候变化和构建低碳城市为战略目标，鼓励市民参与城市减碳的可持续发展（Grenelle 1，2）。

实际上，这点已经通过鼓励城市居民践行可持续出行模式得以体现。里昂市的公共政策曾经完全倾向于私家机动车，尤其是在 20 世纪六七十年代。这意味着当前的变革意义重大。在交通和出行问题上，城镇聚集区的政策必须考虑空气污染对市民健康的不良影响，因为里昂中心区 40% 的人口健康已处于安全阈值之下；同时，政策还要考虑城市居住环境的新问题，例如，噪声污染和气候变化的影响。

这项战略目标在用地规划中得到贯彻，比如土地开发规划（Scot）、区域协调与用地规划（Interscot）、城市交通规划（PPU）、城市住房规划（PDH），以及城市能源与气候规划（PCE）。这些规划的主旨是为了控制城市蔓延，将采取提高密度，在更大层面上统筹规划、交通与公共空间发展，采用更节能的建筑，提升环境品质，建设生态街区等系列措施。

城市规划与交通出行协同

跨部门合作的交通管理模式

里昂城镇聚集区在区域和城市的不同层面，采取多种措施和制定各类规划，以推动公共交通和柔性交通系统的发展。里昂市区的快速运输体系是其中一项重要例证，很好地诠释了交通出行从机动车向其他模式（公共交通、自行车和步行）的转变，减少了机动车交通所占用的空间。

这些措施和规划的共同目标是为了让该地区在未来 10 年间成为“一个短距离出行的城市”，实现交通稳静化，促进城市可持续繁荣。

交通新轴线，公共空间新网络，自然、文化与使用功能相结合

大里昂地区交通部门的长远战略

政策决策者和技术专家共同确定城市长期发展的战略目标。诚然，具体方式还会继续调整和完善，工作模式还需要进一步稳固。近期重点是为大里昂城镇聚集区提供综合性的交通政策，即，大里昂区道路交通局的运输部（Mobility Department）将采取诸多种手段推动交通多样化发展与跨领域合作，并在 12 个公共交通信息网络平台上发布区域内的实时交通管理信息和出行数据。

共和国街（**Rue de la République**）

大里昂地区市民日常出行概况

时间：每天略高于一小时

大里昂地区市民平均出行频率为每人 3~4 次 / 天，具体数据视居住地点有所差异，但基本与法国的整体趋势一致。

里昂城镇密集区的居民平均每天出行时间为 67 分钟，而在大都市区内的平均出行距离达 16 公里。里昂—维勒班的步行比例较高，因而出行距离最短。城镇密集区南部和东部地区居民的平均每天出行距离为 27 公里。

目的：工作和学习出行占三分之一

与普遍观念相反，实际上，大部分交通出行不是"必须的"（即以工作和学习为目的的"必要出行"）。居民"必须的"交通出行在大里昂地区仅占 37%。

与 1995 年（23%）相比，购物和其他生活出行比例略有增加。其中，"陪伴"出行从 1995 年的 13% 上升至 14%。

背景：大里昂地区居民出行整体减少

2006 年，大里昂地区居民平均每天出行次数为 3.36 次。与 1995 年相比，个人出行下降了 7.5%。该数字反映出自 1986 年至 1995 年间的增幅放缓趋势。

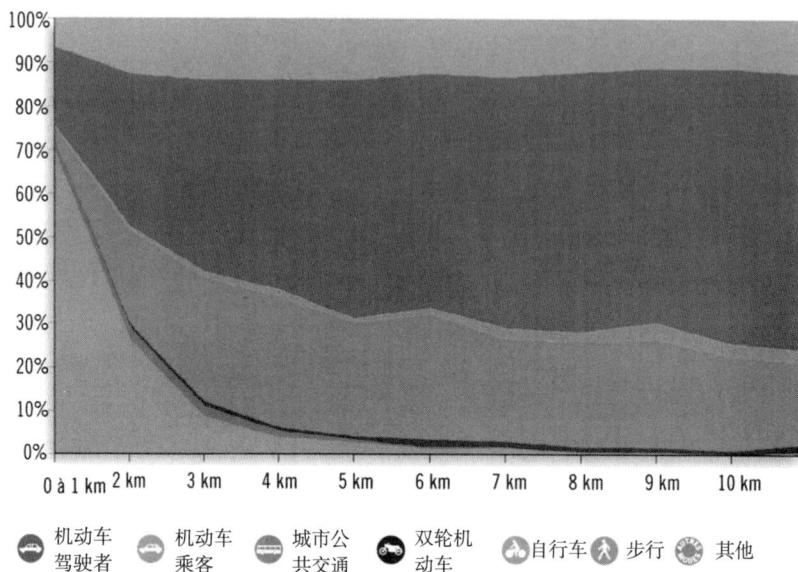

机动车驾驶者　机动车乘客　城市公共交通　双轮机动车　自行车　步行　其他

2006 年大里昂地区不同交通方式的出行距离

出行次数

公里

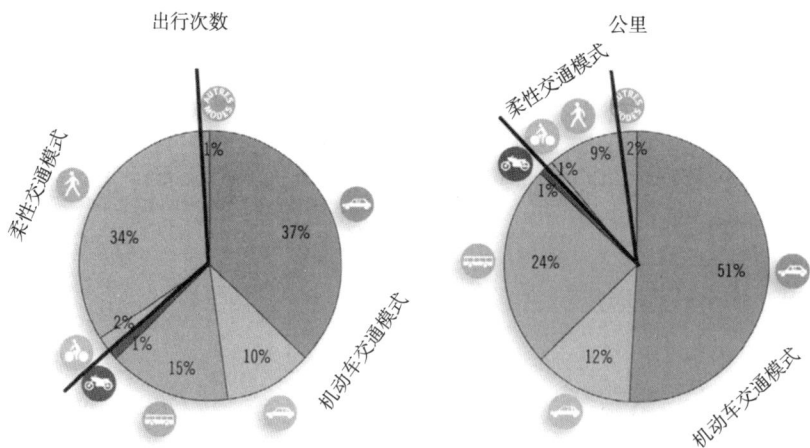

2006 年大里昂地区不同交通模式占比

2006 年，里昂和里尔已出现个人交通出行下降的情况，现在成为全国范围的普遍趋势。

出行活动中的社会与人群特征差异

据统计，约 10% 的居民每周至少有一天待在家中，25~50 岁这一年龄段

Part-Dieu 有轨电车站点

的出行次数最多，退休人员最少。

出行下降主要影响的是出行需求最高的群体，而非出行需求最低的人群。但是，每天出行频率超过平均值（大于或等于 4 次 / 天）的人群比例正在下降。此外，出行最频繁的人群恰恰是最常采用小汽车出行的用户。因此，这种下降并不是一种对社会最脆弱群体造成的"社会退化"，影响的是那些"密集型"交通消费的群体。

出行方式的巨大变化

总体而言，汽车仍是城镇聚集区的主要交通方式，尤其是在距离中心区较远的部分地区和远郊区。在城镇聚集区范围内，小汽车出行占据将近一半的比例（49%），其次是步行（32.5%）和公共交通（15%）。

同时，里昂—维勒班地区的居民出行方式也在变化：步行交通（41%）远高于小汽车所占比例（35%），而公共交通出行比例明显较小（21%）。

过去 10 年间，大里昂地区居民的交通方式变化显著。虽然小汽车交通仍占距主导地位，但与 1995 年相比已减少了一半。使用城市公交出行的比例大幅提升（增加了 18%），自行车交通最初比例非常小，但目前已翻了一番。城区内的出行以步行为主，其中，里昂—维勒班地区步行占比达二分之一，城镇密集区也达到了三分之一。此外，人口密集地区的步行（1.39 次 / 天）比其他地区（0.88 次 / 天）更为普遍。

公共政策

里昂国土协调规划大纲：以交通引导区域空间结构发展

根据大里昂地区《国土协调规划大纲》和多极发展的区域空间组织原则，该地区致力于以高效的公共交通体系来控制城市中心区人口增长（规划至2030年居住人口增加15万）与经济增长向规划增长节点或现状中心聚集（或者规划的更新地区）。规划目标为：限制城市无序蔓延，保护农业区与自然空间；提高建设密度，促进能源节约利用；围绕人口聚集区中心建设公共服务设施，减少不必要的交通出行。

能源—气候规划和大气保护规划

里昂城镇密集区的二氧化碳排放总量中有91%来自客货运输。其中，客运交通产生的碳排放占60%，约25000万吨，私人小汽车碳排放达91%，而公共交通的碳排放量仅占9%。60%的小汽车出行距离不到3公里。大里昂地区内约75%的人口选择以小汽车作为工作出行模式，63%的学生选择步行前往学校。

自《京都协议书》签署以来，大里昂地区于2005年实施气候变化减缓措施，将其列为《21世纪议程》的第二项行动。2007年，大里昂地区能源—气候规划提出，至2020年，地区碳排放减少20%，至2050年，地区碳排放减少75%；至2020年，地区能源消耗降低20%，能源再利用达20%。

规划主要目标共三项：保护环境，适应气候变化；提高生活品质，保障基本权利；促进经济可持续发展。

巴士与自行车共享车道

OPTIBUS，拉斐特大道

环境保护主题贯穿大里昂地区组织架构、公共政策、SCOT 规划措施，同时也是大里昂地区与其他地区商议的中心。此外，大里昂地区在住房建设、交通运输与城市规划等多个领域采用了跨部门的工作方法，并以此协调区域各部门的工作（特别是与经济发展相关的问题）。

里昂市区的快速交通网络

市区大力发展公共交通

大里昂地区及其联合城镇（里昂城镇密集区交通联盟、各大区与省）于 2005 年启动了 "Real" 项目。该项目以跨部门和整体联运为基础，旨在构建起高效便捷的快速交通网络（地铁、巴士和城际铁路），并提出切实可行的交通模式替代小汽车出行。具体措施包括：车站设施的现代化升级，采用统一的标识系统，建设城市公共交通换乘枢纽，以及为大区交通运输系统（TER，Transpol Express Regional）和里昂公共交通系统（TCL，Lyon public transportation）建立统一的多模式定价体系。同时，项目在城镇密集区规划布置了 10 条轨道线，33 个 TER 车站，制定适用所有线路的时刻表，新建里昂让—马斯车站（Jean-Macé）。到 2008 年，运输模式的改变已表现出显著的成效：

——出行人数达 88300 名，比 2005—2008 年期间增加了 30%（交通供给提高了 22%）；

——里昂大都市区内 76% 的地铁乘客实现一次性联运出行（one intermodal trip）；

——交通方式从小汽车转向梅肯—里昂—维也纳城际铁路线，日碳排放量减少至 6 吨 / 天（1700 吨 / 年）；

——12% 的乘客已停止选用小汽车出行。

城镇密集区激发城市交通活力

罗纳—里昂综合运输公司（TL）负责管理里昂公共交通系统与快速公交公司（Optibus，为无法使用常规公共交通设施的残疾人提供的网约公交服务）。该公司的职责包括提供交通服务、确定服务品质和标准、制定收费结构和价格政策。公司最终选择了碳排放和空气污染非常小的电动交通工具（地

让·饶勒斯广场：靠近地铁站与城际轨道站的自行车共享服务点

铁列车、有轨电车、电车、小型巴士），这些车辆承担了 70% 的乘客运输量，同时，给所有内燃式引擎车辆（巴士、无轨电车）配备催化转换器、颗粒过滤器和脱硫柴油发动机。这类经济且环保的措施不仅降低了运输系统成本，也控制了温室气体排放。

残障人群日常出行是大里昂区交通中备受关注的一项内容，其中涉及出行方式选择和行动不便的不同群体类型（如体力劳动、低收入、年龄长幼等）。

交通专用道串联起 3000 所公共服务设施与机构，800 个商务办公点（上百名员工）和 2000 处公交站点。

《城市交通规划》推动日常行为的改变

限制小汽车使用，优先使用公交和其他交通工具，代表该地区居民的日常行为将发生实质性转变。所以，极其关键的是，让居民、政治代表和技术专家（重要的协调者）都认同这一战略的重要价值。据此，教育和参与是城市交通规划成功的关键因素之一。当大众理解交通问题背后的根源，有助于在实施新的交通替代方案和辅助措施时预先有所准备，迅速调整自身的出行方式。

新《柔性交通规划》：自行车、可达性与步行

从交通城市到宜居城市

大里昂地区于 2009 年 9 月通过了《柔性交通规划（2009—2010）》。该规

穿旱冰鞋的人与逛街的行人

划延续并强化了 2005 年首个柔性交通规划提出的措施，并继续从更综合的角
度看待交通流动性问题。

　　新规划是获得政治支持的基本参照，为开展其他工作和计划提供了基础，
当中包括一系列拟议的行动提案（主要有促进自行车交通、改善弱势人群无
障碍出行环境）。规划中引入了定量指标，为后续项目的评估提供了依据。最
后，规划在协商和对话的基础上，提出了日常使用的舒适度、公共空间品质
与多功能性等促进步行城市建设的关键特征。

自行车交通的发展目标

　　自行车交通是一个备受关注的话题。在 2009—2010 年期间，里昂城镇密
集区的自行车出行比例估计为 2.5%。自 Vélo'v 公司 2005 年推出共享单车服
务以来，这一比例翻了一番，并还在持续增长。大里昂地区以促进柔性交通
作为政策重点，分两个阶段实施：第一阶段的目标是，到 2014 年，自行车出
行比例必须翻倍，增加至 5%；第二阶段的目标是，到 2020 年，自行车出行
比例增加三倍，达到 7.5%。这些目标延续了能源—气候规划和大气环境保护
规划（PPA，2008 年 6 月由国家层面颁布的规划）的相关要求。

　　为实现柔性交通规划中提出的自行车交通发展目标，大里昂地区采取了
一种以自行车使用、便利和舒适为重点的定性方法。这就需要提升自行车出

行的吸引力：标识清晰、车道连续和停放点适宜。而这又涉及创建和完善自行车专用道，以及在城镇密集区内合理布置自行车及其配套设施。

规划提出，在 2014 年之前建成大里昂地区的自行车主干网，并新建 200 公里的次级路网；至 2020 年，新建自行车次级路网 600 公里（平均每米成本为 250 欧元）。

规划明确提出，每年新增 1000 个自行车站，不断完善 Vélo'v 公司的共享单车服务，包括新增长期租赁服务，在交通枢纽（轨道站点、落客换乘点、公共停车场）设置停放点。

此外，规划还支持"维洛之家"协会（La Maison du Vélo）的相关工作。该协会作为城市自行车资源运营中心（提供教学、培训和相应服务），致力于让所有人都可以使用自行车。

基于自行车共享业务的成功，Vélo'v 公司进一步加大了对多功能设施和服务的投资力度，从而推动街道向适于柔性交通出行的方向发展。

面向行人、步行交通与残疾人无障碍出行的规划目标

2008 年，大里昂地区委托城市规划部门为行动不便人群（PMR）设计无障碍专用道。这项工作与《柔性交通规划》第二阶段同步进行，同时也推动了大里昂地区 57 个市镇制定无障碍出行总体规划。

维勒班市的街道

首先，这意味着明确自行车优先的城市道路框架，每个市镇内的城市自行车道系统均含有完善的次干网层级。其次，规划致力于构建无障碍路线，连接起城市中所有的日常服务与设施，并形成残疾人优先的交通体系。

新柔性交通规划的总体目标是为所有人改善公共空间的可达性。步行作为城市中心的首要交通方式，其优先级和重要性必须予以充分重视。

在此规划框架下，大里昂地区将额外关注残疾人（包括各个类型）、弱势群体（如疾病、贫穷、老年）在日常出行中的无障碍需求。

步行校车的发展

继市政当局与当地学童家长联手推出的首批步行巴士（walking bus）取得巨大成功之后，《柔性交通规划》随之预测了步行校车的发展潜力。步行校车能有效地减少空气污染，创造良好生活，是一个切实可行的步行上下学解决方案。步行校车计划将摒弃私家小汽车，通过一条巴士线路、公交站点、时刻表及家长花名册来护送学童安全上下学。这种方式已经在阿姆斯特丹、洛桑和其他英美城镇得到推广。

在大里昂地区，步行校车已服务 2000 名学童，覆盖 76 所学校（在 37 个城镇中共有 152 条巴士线）。另外，还有 5 条自行车校车线路与步行巴士同期启动。

贝诺瓦·克雷普广场

公共空间宏伟计划的政策成效

自 20 世纪 90 年代初以来，大里昂地区和里昂市一直致力于制定公共空间振兴与再开发政策，其意义已远远超出单纯的环境美化范畴。政策的议题包括重塑由机动车主导的户外空间、增强地方特色、鼓励对破旧边缘地区的协同发展、打造城镇密集区的整体形象。

里昂市的近期建设重点是：提升里昂半岛区的城市景观品质，重新布局城市核心区内主要公共空间的步行区，缓解机动车交通拥堵状况（建设南北向货运道），修建地下停车库。

所以，里昂半岛区规划中提出了"改变城市面貌"和为城市居民提供舒适便利的公共空间等发展目标。这一目标将覆盖所有市镇和社区，其实施进程需要大量的工作，特别是在城市公共广场方面。为了提升城市步行空间品质，里昂在 21 世纪 10 年代启动了罗纳河河岸开发项目。该项目也是这项宏伟计划中最重要的成果之一。

从城市的公共空间到城市居住与交通的空间：基于不同尺度的方案新理念

无论是具体的城市广场建设，还是杜切尔（Duchère)、荟萃与格兰购物区(Confluence of Gelound）等大型城市更新项目，当前的开发项目都融入了里昂城镇密集区的发展要求。例如，种植树木不再局限于实现单一的空间目标或满足居民意愿，而是要纳入城镇密集区绿化系统的一部分。这一绿化系统作为跨区域土地开发策略中的组成部分，又与规划中更大区域的绿道体系相连。这些地方性项目不仅有助于推进区域宏伟目标，也有助于控制温室气体排放，减缓气候变化。

公共空间、公共交通和柔性交通：推动"城市纽带"政策与综合交通管理

公共空间利用与共享单车的成功，展现了城市居民重塑空间的巨大潜力。在探索如何通过场地再开发实现功能转变的案例中，罗纳河河岸改造项目取得了耀眼的成绩。我们投入了大约 10 年的时间，对道路空间进行渐进式改造，逐步适应空间发展的要求，包括：推进城市规划项目、公共空间提

质改造、公共交通发展和自行车道建设等系列措施。这些措施紧扣城市性、景观风貌、环境氛围和时代特征等主题，不仅支持和促进多种形式的可达、安全、舒适和功能多样性，而且关注美学品质、遗产保护，以及我们与自然的关系。

在里昂，街道虽然实现了共享，但在某种程度上，仍过于僵化和功能化。我们在第一阶段建设了"点"状空间（广场）和"外表"空间（公园）。现阶段，我们正展开城市"线状"项目的工作：道路系统。这是一种新的交通建设重点，将改变道路网络的形态。

市民、欢庆与日常生活的城市新实践：以步行为中心的交通出行

从近期的系列活动、研讨会、出版物来看，以下三个主题的重要地位日益凸显：城市中的步行、步行城市和多模式交通联运（即若干互补性的交通模式在同一空间内和谐共存）。在此背景下，巴黎公交运输公司在2007年上半年举办了主题为"以步行为中心的交通出行"的研讨会。研讨会中再次强调了步行在城市交通系统的核心地位，倡议一场由步行带来文化变革（类似近几年恢复自行车交通地位所开展的活动）：行人是塑造城市空间的共创者与关键参与者。步行者如同设计师：让步行不再局限于单纯的交通通勤方式，更像是一种"让我们去了解城市，甚至对城市进行思考的元模式"。行人在空间穿梭，打破了原有分区，创造着日常的、有主题的或诗学的旅程。2006—2010年开展的"欧洲城市步行质量"计划强调，以高品质的城市环境促进步行发展。该计划汇集了25个国家，重点研究交通系统对城市步行环境的影响，以及探索组织交通运输的新范式等议题。

从街道到交通的新理念，重视城市居民作为行动者的力量

简而言之，越来越受到重视的街道问题源于流动性加速与城镇化进程、日常空间与城市网络等多重发展因素交织影响的综合性结果。

我们必须重新审视将公共空间与交通运输相隔裂的传统方式，转而倡导一种整体统筹、多元并蓄的新理念，让城市居民不仅是高品质场所与交流活动的使用者，更是创造与生产合作者，是变革行动的主角——随着流动性日

趋增强，信息量和设备（移动电话、GPS、互动终端）的广泛应用，人们得以实时评估和优化出行选择。

这意味着，新的交通方式必须统筹考虑运输服务与城市发展阶段，结合信息技术的发展与应用（ICT）形成新的用户服务模式。

行动层面：大里昂地区的能源—气候规划（PCET）

《大里昂地区能源—气候规划》（Grand Lyon Energy-Climate Plan）针对柔性交通发展目标提出的指标体系毫无疑问是一项重要的实施管理新工具，是管理具有交通功能的公共空间的新手段。

《大里昂地区能源—气候规划》展现了强烈的政治意愿，统筹协调所有建议、计划和项目的基础上，汇聚成一项雄心勃勃的城市交通可持续实施计划。

城市链接

为进一步完善城市交通可持续发展，里昂城镇密集区的城市规划部门在此议题基础上开始着手其他相关研究，包括：

空间隔离、碎片化、断裂地、城市飞地、边缘化地区等问题。如何通过加强联系修补城市空间，恢复社会与区域的整体性？如何重振城市的魅力？

——将流动的个体（步行者）置于出行的核心地位；

——让艺术与文化深深植根于城市的生活之中；

——让多元生活方式在城市中融合共存。

"城市链接"的理念颠覆了传统思维：行人（市民）才是那个让公共空间（包括广场、公园、街道以及其他所有类型的公共场所）承载社会交往与城市生活复合功能的最重要角色，城市空间围绕行人（市民）进行重组，适配不同时段的多样需求。

"城市链接"是城市交通系统中一项经过专门规划的路线（步行/柔性交通）规划措施。

　　限速、共享、混合，以及空间美学、数据管理等要素取代了追求速度和空间分割。该理念得到里昂城镇密集区相关政策文件的大力支持，如：土地开发规划、"Real"项目、里昂公共交通部运输条例、地方建设规划、柔性交通与弱势人群无障碍出行计划等。在这种背景下，《大里昂能源—气候规划》无疑是一个贯穿各领域、最全面的政策，将对新的生活空间设计、"城市肌理"的恢复等带来深刻影响。

公共艺术与空间，湖畔广场

第 7 章

巴黎：多元交通出行模式的协同发展

高密度是巴黎的城市特点之一——无论是就业岗位、商务机构还是人口分布[1]。作为庞大都市圈的一个组成部分，巴黎及其周边社区的交通出行量将近400万次/日[2]。因此，巴黎的公共空间承担着繁重的交通量。自2000年起，小汽车交通带来的压力已大幅下降——工作日出行量减少了约20%。与此同时，公共交通、摩托车、自行车和其他柔性交通方式的出行量不断上升[3]。巴黎这种交通趋势凸显出公共空间向多功能发展的现实需求。

在过去几年，公共空间的用途日益多样化，这与之前提到的高密度有关。其中，消费、娱乐、文化等活动的增长尤为迅猛。公共空间的社会互动氛围空前高涨，并且活动时间已发生巨大的变化：开始倾向于夜晚及深夜时段。巴黎公共空间用途的重要性和多样性，因使用群体的居住地（巴黎、法国、海外，等[4]）性别、年龄和身体状况等背景差异而进一步凸显。这些公共空间使用者对于见面的需求、出行和查寻路线的能力有巨大的差异：城市必须适应这种新的异质性。

促进公共空间的这种混合使用，已成为巴黎城市发展的主要任务之一。而这类空间需求，正是源于城市的高密度和相对有限的公共空间资源——功能布局实现了互动效应最大化的同时，不同用途之间的冲突也带来了持续的压力。总体而言，巴黎市在不断调整其公共空间遗产，以及长期积累的技术

---

1 将近20000人/km² 居民，16000个/km² 就业岗位，62000家/km² 企业（数据来源：Insee，2006年）
2 来源：交通普查（Enquête Globale De Transport）2001–2002（最新数据）
3 根据2007年法兰西大岛（Ile-De-France）交通规划评估，预计2000年后，公共交通出行量每年增涨1.2%。巴黎交通管理局（The Agence De La Mobilité）预测自行车交通出行量将是2001年两倍。
4 巴黎仍是世界排名前列的旅游目的地。2008年约2600万名游客，其中57%来自国外。（数据来源：PARIS VISITOR'S BUREAU, 2009）

经验，以适应当代生活品质、经济价值、环境要求等相关领域的挑战。在此过程中，巴黎从可持续发展的视角出发，构建起新的城市生活模式。市政当局在地方层面的措施侧重于不同用途的考量，包括创新城市规划与管理方法，应用可以不断更新的分析和评估工具进行城市管理和治理。

市镇行动重点：用途

为引导和支持新的用途，巴黎市正努力改善公共空间的共享状况。但是，巴黎市采用的方式较少关注交通方式之间的共存，而更倾重于使用人群本身——出行特点、交通方式（步行、自行车、公共交通等），以及如何与公共空间中的各类活动相结合，如散步 / 闲逛、消费、娱乐等，还有特别强调不同群体在交通出行和搜寻路线的能力差异。据此，城市空间应在结构上保持高度紧凑，同时兼顾（尽可能多的）个体可能面临的各种状况。为实现这个目标，巴黎的城市政策基于以下四条主要行动路线：

提升所有人群的舒适度

为了提升所有公共空间使用者的舒适感和可达性，巴黎市根据道路安全及残障群体无障碍出行的长期计划，正逐步制定一项总体性战略。

提升空间舒适性首先要确保人们能更好地共享街道空间。2001 年，巴黎将部分主干路改造为共享空间（预留出巴士和自行车专用道）。如今，根据公交路线的拥堵状况和道路安全可行性研究结果，巴黎市正推广道路空间以无分隔设施（仅留路面标识）的方式发展。通过设置新的 30 公里 / 小时限速区，以及配备潮汐自行车道（允许自行车在单行道中双向行驶）从而降低行驶速度。这也会促进不同功能并存，并提升公共空间舒适性与可达性。

这种空间舒适性与清晰简明的可识别度有关。除了提升物质空间的可达性，巴黎反对公共空间同质化的做法。因为，雷同的公共空间会损害最弱势人群的安全感与舒适感——如有感官成精神障碍的人群——他们无法清楚地辨认所处的地点或找到周边的线路。清除人行道杂物的相关行动和措施也必须考虑到这点。精心设计的街道家具可以减少路面和道路两侧过度冗余的杂物。这种方式可以提升空间的通用性，给所有使用者带来舒适体验，让出行更加便捷。最后，根据空间舒适性的需求变化不断更新和调整既有服务项目：增设自行车租赁点、推出快速租车服务（Vélib and Autolib'）、提供实时咨询信息服务等。

改变停车管理方式

随着有限的公共空间资源越来越多地分配给其他交通方式（而非小汽车和其他城市活动），停车难已成为巴黎市一个反复出现的问题。对此，巴黎已采取了多项措施。首先，优化停车场布局，鼓励巴黎市民减少使用汽车的频率，降低居民区停车成本；通过分时段共享停车位，提高现状停车空间利用率，例如将配送区作为夜间社会停车场。其次，组织和规范货物运输：划定停车价格优惠区，在满足货运需求的同时控制污染；将部分配送区调整至更适宜的位置，与专业人员合力编制"最佳实践图"。最后，加大管控摩托车和自行车违章停车的力度，并精心筛选适宜的区位以增加停车面积。[1] 巴黎市将在《巴黎市土地利用规划》（PLU）中纳入以上措施，并要求所有新建项目配置自行车车库、地下车库需增设摩托车停车位。

鼓励新的分时使用

在过去 10 年里，公共空间被临时利用的现象越来越频繁。公共或私人部门的使用数量都在不断增加。在街区层面，巴黎市与当地形成合伙制，为地方举办的一些节庆或活动（如街道派对和社区聚餐、农夫集市、跳蚤市场和旧物市场）提供帮助。在城市层面，"巴黎呼吸"计划（Paris Respire）会在周末或公众假期，用轻质模块化的护栏隔离机动车交通，临时关闭某些社区或滨河道路。这种空间利用方式极为有效，在 21 世纪初的首次试行之后，已逐渐扩展到了其他 16 个区域，实施的时间范围（包括周六）将依据正在开展的相关研究进一步扩大。这项行动引出了 2002 年开始举办的"巴黎海滩节"（Paris Dlages）活动。该活动会在整个 8 月期间关闭滨河道路，建造一系列临时设施，以及举办各种活动。"巴黎海滩节"是城市重大户外活动计划的一部

---

1 2009 年，摩托车与自行车停车位共 47303 个，其中自行车停车位占 26%，摩托车停车位占 31%，43% 为混合使用，至 2014 年新增停车位 13000 个。

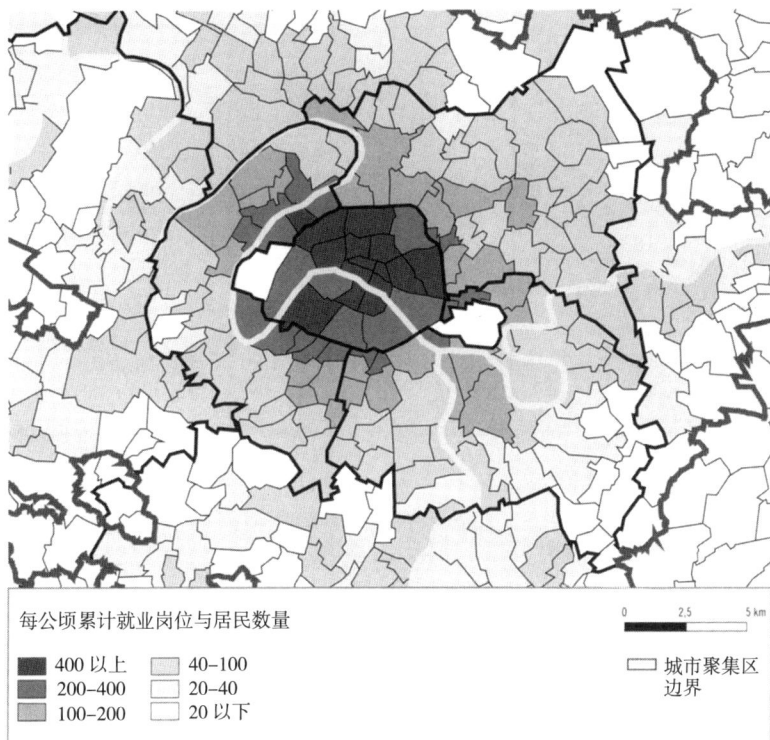

1999 年巴黎人口密度分布图
图片来源：APUR

分，既能塑造城市形象，又能满足市民对各类活动的新需求。巴黎市面临的一个问题是，如何让这些活动既能顺利地获得政府审批，又能得到行业与专业人士的支持，确保活动具有高品质的策划内容。据此，这些活动应仍由城市政府直接管控。

考虑公共空间的新用途可以超越城市规划的固有观念（往往成本高且过于僵化），人们对公共空间有了更加全面的思考。因此，我们可以灵活地按天数、星期或季度的特定时段，采用更灵活的空间设计，从而根据时间周期调整和设计空间不同用途。

提升公共空间的价值

巴黎市也在考量对经济主体所施加的限制。如前文所述，从经济主体的角度来看，交通与停车的问题已得到越来越多的关注。同时，为改善公共领

改造后的里沃利大街上的圣保罗交通岛：行人、自行车、巴士与出租车共享的街道空间

Vélib 自行车租赁点与贝尔西地铁站

蒙马特高地"巴黎呼吸"计划（Paris Respire）的参与者

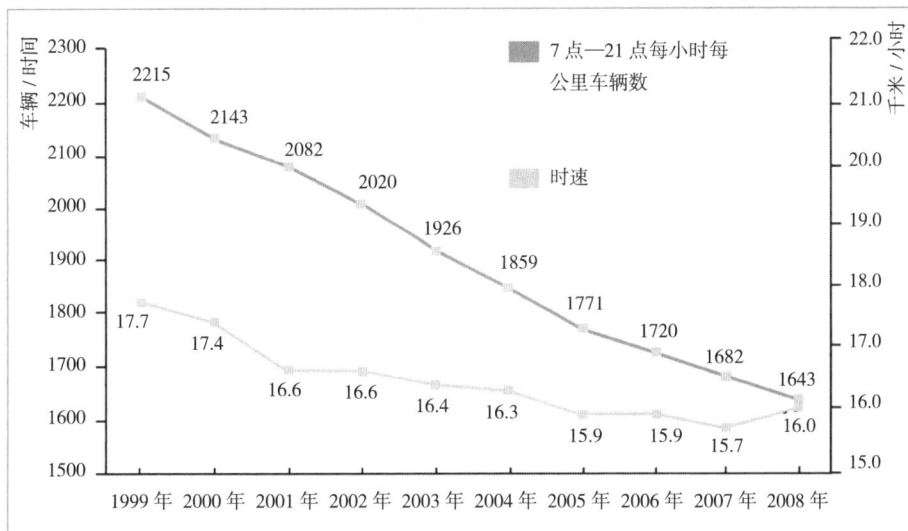

巴黎市内道路监测数据与交通变化趋势表

域经济活动的组织方式，巴黎市施行了三项措施：首先，出台了一项振兴露
天市场的政策，因此，在 21 世纪初，露天市场的数量和种类都有所增长，以
满足消费者的需求；其次，审查露台和道路两侧空间使用规则法规，构建有
助于提升城市活力的空间使用方式，同时让空间更美观（街道家具）、环境更
健康（室外供暖、清洁场地）；最后，审查公共领域的商业设施（电话亭、售
货亭）管理条例，在改善服务与设施品质的同时，鼓励地方的多元化发展。

环境保护行动

　　为适应气候变化，保护城市居民健康，提升城市的宜居性，巴黎市实施
了以下三大策略：第一，强化公共空间的景观：让植被种类更丰富，改进修
剪方式、了解植物幼苗养护知识、加强对城市设计品质的关注，以及在缺少
行道树的道路确定单株种植区，鼓励私人庭院绿化与公共绿地相连，甚至鼓
励在树根周围补种植被。第二，巴黎市实施了积极的城市生态措施：建设垂
直花园、台阶式绿化，以及种植地被植物以减少反照率、土壤渗透率和控制
用水量，并优先使用当地植物等。同时，巴黎考虑在夏季夜晚向公众开放城
市公园，为人们提供一个比公寓和街道更凉爽的去处。第三，减少空气与噪

2008 年"巴黎海滩节"：街道空间临时改造成休闲活动场所

声污染。通过巧妙地运用绿化缓解噪声干扰，如墙体绿化、种植地被植物等。最后，巴黎计划在城市中创建并保护一系列交通宁静区（quiet areas）。

项目与阶段性成果

巴黎市制订的行动计划是为了适应当地具体情况（道路等级、中心度、就业、居住密度等）。即，要结合当地条件和现状具体问题确定总体原则。

社区和次干网

这些社区通常有着中低密度的商业，但密度很高的住宅。在 20 世纪 90 年代至 21 世纪 10 年代，这些社区划定了"30 公里/小时限速区"，以期降低机动车速度，减少交通量，进而改善居住环境。这样的限速区目前已有 67 个。最近，通过增设双向自行车道（降低机动车速度和推动道路空间共享），以及实行更优惠的住宅停车费用，又进一步推动限速区的扩张。各类行动计划与空间临时利用的措施需在这个层级上相互对接和相连（如在实施"巴黎呼吸"

第18区阿贝斯大街人行道拓宽后的露天咖啡座

联合广场：市场提升改造

活动时关闭部分道路）。

中心场所、货运主干道和交叉口

由于商业密度高、人流密集，货运干道与交叉口承受着巨大的交通压力。这种情况下，道路的舒适性、安全性、可达性与经济价值等问题更加重要。街道共享在此类公共空间的必要性也最为显著。

巴黎在21世纪10年代对几条重要城市干道（克里什大街、罗什舒阿尔大道、马真塔大道、巴尔贝大道、让·饶勒斯大街等）进行了改造，通过重新配置不同交通工具占用的空间，进一步优化街道空间的共享方式。T3有轨电车项目促进了雷乔大道的空间共享。随着该项目继续向城市东部和北部延伸，一些地方性的主干道也会得到相应地提升。譬如，在里沃利大街修建圣保罗—圣路易交通岛。此外，塞纳河沿岸改造项目也进一步推动了这类方式。目前，塞纳河壮丽的滨江景观已被联合国教科文组织列为世界遗产，由于沿线仍有一段为机动车交通，所以滨水空间的可达性尚未全线贯通。为了开发新的功能，形成多元的用途，塞纳河沿岸改造项目将原有码头重新规划为由行人和自行车者主导的空间。该项目在巴黎左岸地区规划了一条林荫道，包括：缩窄车行道、限制车速、新建一条滨河休闲带、建设城市休闲步行区、增加路口防护设施等措施。另外，规划结合河中的驳船构建新的公共空间，并尝试新的用途，丰富空间的功能。

已经或计划关闭的左岸地区小汽车交通，将形成一条连贯的步行道串联起新的功能设施（步行、文化活动、体育活动等）。这是一种温和的改造方式，而非长周期的项目。

大型的交叉口可以在协调不同功能的基础上改造为真正的城市广场。由于这类"广场"通常位于大型交通设施上，例如，莱昂布鲁姆广场、克利希广场和一些城市门户、共和国广场等已经或正在改造的公共广场，因而也有助于强化公共空间与公共交通网之间的联系。共和国广场（首都形象展示地）过去曾被汽车交通环绕，行人和骑行者在此都很不安全。市政府提出，在恢复该广场往日辉煌的同时，还要提高空间的舒适度与安全性。在 2009 年和

第 19 区米约—达律斯小路的绿墙   第 12 区文森特港路沿线绿地

2010 年的前期咨询阶段逐渐形成了以下几个重点问题：如何整合空间功能，满足不同人群、公共目标、游客规模与时间安排等要求？新的规划如何整合所有不同的交通方式，并协调好交通通行与广场休闲功能之间的关系。特雷沃与维格－科勒设计事务所成为该项目设计竞赛的获胜者。在他们的方案中，规划步行空间新增了 50%，包括：拓宽步行道、为柔性交通保留大型广场、多功能步行道、布置售货亭、种植绿树。规划后的新广场将更具吸引力和更有活力，并回应公众和文化节庆活动、服务居住发展等需求。在项目方案的意见征求阶段（2010 年 10~11 月），详细的项目计划时间表已开始同步草拟。

大型城市项目和公共空间

这些社区级公共空间因其尚未建成而具有一种特殊的地位。但是，新的公共空间是混合功能开发区（Zac）或大型城市更新项目（GPRU）的一部分。

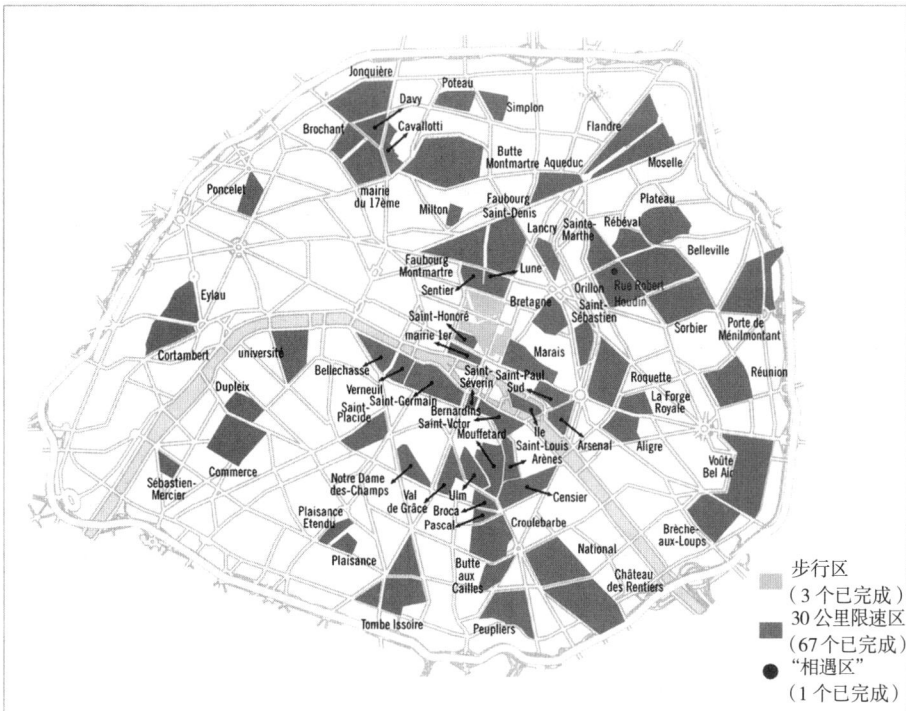

2008 年巴黎步行区、30 公里 / 小时限速区和"相遇区"分布图（译者注："相遇区"也是 20 公里限速区，即在车辆、自行车、行人同时使用一些马路的时候，行人有优先权，所有车辆必须减速至 20 公里 / 小时行驶，并随时对行人和自行车进行让道）

例如，涵盖了巴黎外环公路（périphérigue）和大型开发项目的市区振兴计划，不只是道路网的建设，更要对城市整体形态进行优化。新建的社区必须由高品质的公共空间来构建，且这些公共空间应结合前文所述的主要行动方针。此外，这些开发项目还须应对以下两个挑战：一是，无论公共空间是现状的、规划的或在建的，都应保持项目的连贯性，且注重空间的层次；二是，恢复巴黎与周边市镇之间的连贯性（对环城大道与放射状干道进行提质改造）。

管理与治理

开展这项城市级的行动计划需要多方参与，因此项目管理与治理方式也更加复杂。

管理公共空间的地方文化与惯例

巴黎市的行政体制和管理架构极其复杂。这意味着行动计划会牵扯到众多各种各样的成员。因此，巴黎特别强调对城市公共空间的管理必须要有整体性，也不得不创新管理方法，避免因部门各自为政造成的技术壁垒和意见分歧。这包括：明确城市所有部门对公共空间的共识；协调地方层面所有参与者，形成跨领域的解决方案；提供公共空间使用原则和运营维护计划；为项目决策和现场日常工作建立通用的计算机辅助工具。每个部门将使用同样的方式分享经验和方法。由此产生的直接结果是，针对道路交通部门的开发项目，以每月召开两次"广场会议"（Agora meeting）的形式，将所有利益相关者聚集在一起。

更多互动和持续更新的合作模式

除了城市行政管理部门，其他组织在开发与管理公共空间方面也有发言权。积极参与沟通的机构来自各方：市（区）长、国家机关（警察总局、区域建筑与遗产管理部）、交通运营方等。此外，还有经济领域的参与者（与公共空间息息相关的司机代表和商务人员）、各协会组织（涉及公共空间使用者权利、环境保护和地方性议题）。最后，还有市民（来自不同群体类型）作为

塞纳河河岸开发项目：波斯港口

塞纳河河岸开发项目：荣光院至协和桥段

步行、自行车和滑轮专用路线与时间表（禁止小汽车通行）

巴黎市政府各部门及其管辖的公共空间职责

		道路系统中的公共空间容量	就业者规模
公共空间相关部门	道路交通部	· 出行政策 · 实现道路开发 · 协调道路工程 · 维护道路、部分城市家具（杆子、障碍物、长椅、时钟和卫生设施）、照明和标牌	1553
	城市规划部	· 主要城市项目中的公共空间 · 监管和分区（当地城市规划） · 负责街道设施的市政委员会秘书处 · 标志和广告条例 · 展示区和露台的监管和管理	493
	环境与绿地部	· 道路种植园的设计和维护	4185
	水务与环卫部	· 废物收集 · 街道清洁	8000
巴黎城市规划局（APUR）		· 研究公共规划政策定义所涉及的城市和社会发展 · 为在巴黎及其大都市层面制定	85

巴黎城市规划局（APUR）是一个非营利组织，为巴黎市、法兰西岛地区、巴黎公共交通管理局RATP和其他几个机构工作。

公共空间参与者越来越得到重视。

除了采用整体统一的管理方式，来自不同领域和背景的行动参与方同样意味着项目治理模式和管理内容特别复杂。要解决这一问题，需要在各参与者之间实现更高效地信息共享并形成更紧密地协作关系。对于大区地方级项目，通常由大区区议会在公共空间开发之前开展沟通和讨论工作。讨论结果将在公众会议上予以公布。随后，行政区区长办公室及相关部门向区议会提交一份提案。每次公众会议均由当选代表对主题作一般性介绍，紧接着技术专家发言，而后是公众问答环节。大区区议会的主要任务之一就是筛选出具有敏感性的议题，如道路安全、街道设施摆放位置，或是新的构想等。另外，区议会还设有"利润共享基金"，可以用于资助微小型项目。

对于城市级项目，规划协作范围更广，通常由跨学科的咨询机构总部负责，并借助公开会议、问卷和网络调查等手段。自2004年以来，城市级项目也会征询区议会意见。2000—2005年期间完工的项目均采用了这种方法，并在共和广场的开发项目中逐步应用和改进。共和国广场开发计划由大区区长

共和国广场开发项目

办公室、区议会和当地行动参与者共同制定，由评委会（含利益相关者）筛选出负责项目建筑设计的公司。该开发计划体现了巴黎积极创建高效且持续的合作模式。这种模式结合了公众参与与专业设计，为城市发展的创新治理提供了范例。

诊断与评估工具

巴黎市的行动计划越来越强调，无论是在项目前期作为诊断环节的一部分，还是在实施完成后作为评估环节的一部分，均要有项目范围、交通运输和空间功能等分析工作。

从定量到定性的方法

当前正在进行的研究仍会采用一些传统的方法，特别是在评测小汽车带来的交通安全事故和大气环境污染等领域。这些方法会借助数据库分析城市特定范围中的社会构成、就业率分布、商业结构和空间占有率等空间特征。

虽然传统方法仍具有很高的价值，但在测算自行车和摩托车，以及行人交通量时，却非常有限，且无法提供使用功能相关的信息。出于这个原因，研究需要开发出新的方法和工具，如对使用者的意愿进行问卷调查。在巴黎城市土地利用规划与城市交通规划编制工作正式启动之前，政府在项目前期的沟通讨论环节要求开展调查工作。后来这些调查工作细化至具体的交通方式，如自行车。此外，在社会科学的研究基础上，越来越多的定性研究相继展开。这让我们可以更好地理解使用者的行为与体验。例如，为了更好地了解人行道使用需求，道路交通部（the Roads and Transport Department）已逐步在道路安全问题的诊断中纳入人体工学分析。21世纪初，巴黎城市规划部门针对社会变迁及其对公共空间的影响等基础性问题进行了研究，比如城市生活品质（总体层面或与交通相关的）和夜间生活变化等。

迈向系统化的评估方法

在大都市区范围内，巴黎以法兰西岛城市交通规划（PDUIF）为框架，在2007年开始对总体交通政策进行综合评估。评估结果喜忧参半。总的来说，

共和国广场开发计划：中央广场
TVK 建筑与城市规划事务所 /myluckypixel、G.Morin、O.Plou

城市交通政策未能完全达到预期目标，因为该区域的汽车交通量整体上仍有所增加。但是，也出现了一些积极的趋势：城镇密集区中心（巴黎）的小汽车交通量明显下降，公共交通使用率已有增加，且增速超过私家小汽车。评估认为法兰西岛城市交通规划在推动"共享交通文化"中发挥了积极的作用。

在巴黎城市层面，2004年启动的交通政策评估表明：汽车专用道大幅缩减，柔性交通空间随之得到提升，并改善了城市生活品质。但评估也显示，公共空间的活力和亲民性还需进一步提升。在此之后，评估工作还分析了其他几项规划方案。例如，让·饶勒斯大街特定路段的公交专用车道、30公里/小时限速区。这些评估工作涉及公共空间的所有方面，包括经济因素和场所体验。其中，对让·饶勒斯大街项目的评估是这种系统性方法应用的完美典范。2006年，巴黎委托一家具有多学科背景的机构展开政策评估，结果显示城市交通政策取得了诸多积极成效：小汽车交通减少、噪声与大气污染得到缓解、绿化空间明显增多。同时，评估提出需要改进的地方：推进自行车/行人共享区、规范空间用途、重视绿色空间养护、强化商业活动和经济活力等。

因此，巴黎进一步推行共享城市公共空间的文化，让项目业主对空间的开发利用出谋划策，并协调不同意见以维护项目品质。以往在公共空间划分出过多的功能区，不仅会导致不同用途之间的冲突，也降低了空间舒适性。现在的做法更倾向于，避免过度使用"多功能"空间。实践已证明这种做法更有助于实现空间价值。此后，巴黎提出，要建设对使用者更具有吸引力的公共空间，通过提升公共空间服务设施水平，促进城市经济繁荣和社会和谐。

第 8 章

维也纳：公共空间规划与实施项目

"公平共享之城" ——社会—文化框架的基本评述

2005 年维也纳城市开发建设规划提出"性别主流化战略"（gender mainstreaming strategy），从规划编制、决策到投资预算，均考虑了男、女、幼儿在日常生活中的不同需求，并以此作为评价城市公共空间品质的一项新标准。即，考虑维也纳城市居民所处的社会背景、年龄、性别或是种族特点，让城市公共空间发展更好地服务大众，满足不同需求与期望。

公共空间的用户需要包括，要考虑驾驶者、公共交通乘客、骑行者或行人等不同观点，以及居民的不同习惯、社会角色、经济状况和选择能力。与公共空间相关的问题对女性的影响更大。因为，女性乘坐公共交通的频次更多，是周边社区内日常步行交通更多的人群。同时，她们还承担了绝大部分的家务和社区事务，比如，经常陪伴行走速度最慢的人群（幼儿、残障人士或老年人）。

维也纳的"性别主流化战略"主要是改变那些造成男女不平等的状况和结构，在城市所有生活领域和公共空间日常使用中实现性别平等，在城市政策制定与决策过程中引入性别差异化的要求。

维也纳公共空间结构

维也纳城市空间结构规划为中心放射状。历史悠久的市中心和一些老郊区仍受到中世纪的影响，保留着诸多古代遗迹。街道与公共空间类型多样。1848—1918 年的城市"创建期"集中建设了大量的住房，街道狭窄，相互正交，形成方格网布局的街区模式。这种空间组织模式从 20 世纪初开始，一直延续到五六十年代，因大型居住区、强调通风的设计理念和城市不断向外蔓延才被取代。自 60 年代起，维也纳开始在城市边缘地区建设单一功能的大型居住区。

20 世纪 80 年代，大规模住房建设的任务基本完成，维也纳的城市开发与更新建造过程逐渐放缓。90 年代前，维也纳的城市建造物处于不断老化和衰退的时期（1995 年奥地利加入欧盟）。而现在，维也纳迎来城市快速发展阶段，预计人口将从目前的 1700 万人增长到 2030 年 2000 万人。2005 年维也纳城市开发建设规划确定了集中开发的关键性地区：13 个重点城市新区。

维也纳交通模式

过去 10 年中，维也纳城市交通逐渐从小汽车出行向环境友好的方式转变。2009 年，高速铁路、地铁、电车和巴士占维也纳交通出行量 35%，步行交通占 32%，小汽车和自行车的占比分别为 32% 和 6%。规划至 2020 年，维也纳自行车交通占城市出行量的 10%，公共交通占比提升至 40%。

维也纳机动化程度一直处于奥地利最低水平，近 10 年里仍在不断下降（2009 年每千人小汽车拥有量为 393 辆）。并且因为有其他更经济、高效和舒适的出行方式，选择放弃私人小汽车的市民数量还在不断上升。

交通总体规划

《维也纳城市交通总体规划（2003）》界定了何谓城市的"智能交通"需求，以及"智慧出行"优先发展重点。规划战略涉及减少小汽车交通和实现"有限出行"，具体包括：将出行距离和出行频率降低到最低、鼓励就近购物、推动私人小汽车为主的交通模式向公共交通和自行车转变。市政领域专家与规划咨询顾问，联合维也纳市民，共同明确了城市交通可持续和创新发展的政策目标与措施。在此过程中，规划特别强调了步行者的需求。此外，"性别主流化战略"的基本要求通过规划各个过程得到了落实。在相关专家与业主

老城区，延续了中世纪特征的街道与地块

维也纳，第 18 区

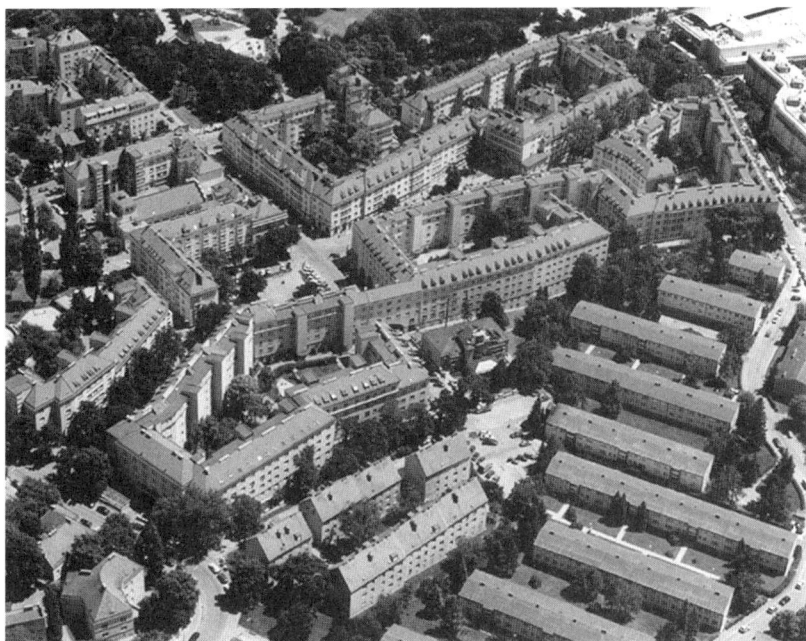

20 世纪 20 年代建设的社会住房，形成超大尺度街区

维也纳，第 18 区

群体中，女性占有相当的比例。

从 2008 年对规划的首次评估来看，虽然实施成绩斐然，但街道和广场还需进一步提升"驻停空间品质"。比如，在行人日常活动空间中布置休息座椅区、交流闲谈区等基本服务功能。针对维也纳交通总体规划的修改建议还包括：关注道路空间的公平性，设计满足弱势群体特殊需求的示范区。建设资金保障是规划获得成功的另一项重要因素。为确保规划"正确"的目标得以落实，城市主干道的建设来自中央财政预算。以前只有机动车交通繁忙的道路才能称为主干道，但现在也包括那些步行和自行车流量巨大的街道。

阿斯彭城市滨湖区

阿斯彭新区是维也纳拓展过程最有名，也是欧洲最大的一处城市滨湖区（240 英亩）。2007 年新区总体规划提出，至 2028 年，在该区域为 2 万居民建设 8500 套公寓，并提供超过 2 万个工作场所。新区总体规划基于人口性别预测，优化了服务幼儿园的开放空间布局，并对部分街区的空间结构和老年居

20 世纪 90 年代城市外延性开发建设
维也纳，第 18 区

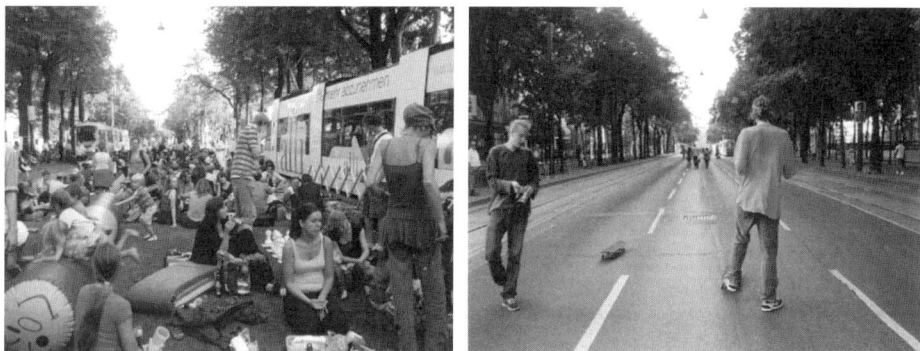

维也纳环城大道在"无车日"改造成由电车服务的
野餐区

城乡结合区，维也纳

环城大道非常规的交通方式

住区选址进行了调整。为构建"短距离城市"的空间结构，总体规划提出了 9
项日常出行类型。

　　新区规划的创新之处主要包括：地下管线与房屋建设同步进行；鼓励建
设商业街，杜绝大型购物中心模式；停车设施融入街区空间；提高步行与自
行车路网密度；鼓励类似共享空间这样的变革主题。规划设计手册阐述了这
些创新点和其他内容，并将这些创新点表述为"公共空间分值"（盖尔建筑事
务所提出）。规划设计手册中还包括：重要空间的设计概念和原则、公共空间
与街道的层级、街道类型、地面要素分布与街道家具标准。规划以商店、餐
馆、服务等功能混合用地，支撑新区的商务行为与城市活动。此外，新区在
开发建设之初就开始统一管理建筑首层。

　　公众意见咨询让项目得到当地市民的大力支持。规划听取了所有市民行
动委员会和居民组织机构的意见，让部分居民参与项目开发过程，在实施运
营过程中通过组织信息告示牌、文化活动或公共场所监测等方式让人们进一
步了解项目和地区。

维也纳的"性别主流化"规划战略

　　1998 年，为满足女性日常需求或生活特点，维也纳两个重要的城市管理
部门：维也纳行政办公室和技术与建设实施小组，共同设立了城市规划与建

设协调办公室。

　　前文提到的"公平共享之城"是"性别主流化"的一项规划实施策略。规划考虑人们的不同性别、年龄、社会与文化等背景，让城市资源利用更为公平合理。欧洲在"性别主流化"规划的相关经验非常有限，但维也纳已成为这个领域的实践先锋者。维也纳城市规划与建设协调办公室推动的战略措施就是其中的代表。

　　维也纳规划和实施的 各类"性别主流化示范项目"已超过60个，包括：交通措施、性别敏感的公园设计、社会性住房、公共建筑等。项目通过研究并区分性别特定需求，监测不同性别对实践活动的敏感性，将这些研究结果应用于具体项目。目前的挑战是如何总结和吸收维也纳城市现有的整体经验和教训。协调办公室的专业知识已获得广泛认可。与性别研究相关的专门参与制定了维也纳主要的规划原则，例如，交通总体规划、公共空间发展宣言，以及其他诸多规划工作。

维也纳滨湖区，阿斯彭公共空间透视图

性别平等：玛丽亚·希尔夫试点街区

几个城市市政管理部门与街区一起为维也纳公共空间实施"性别主流化"措施提供资金。6 号街区玛丽亚·希尔夫为我们提供了一个如何在地方实施一般性"性别主流化"战略的例子。2002 年，玛丽亚·希尔夫街区被提名为"性别主流试点街区"。街区公共空间的管理工作人员接收了专门的工作培训，并结合工作任务特点制定相应的规划机制。协调办公室积极推动了全过程的发展。

部分试点内容：

——对步行空间进行系统性分析：按维也纳交通总体规划提出的品质标准，对 6 号街区内的所有道路（约 27km）进行检查和评估；地方当局代表和相关市政部门联合检查步行环境；市政各部门组织跨部门会议（性别研讨会），开展以方法为主题的咨询工作。

——为全面实施"性别主流化"制定标准和部门专项措施，包括：MA28（道路管理与建设）、MA33（公共空间照明）和 MA46（交通管理与协调）；将"性别主流化"战略纳入这些部门签订的合同中。多方共同制定"性别主流网络"能够系统地评估规划行为对不同用户的影响。

试点中的方法已推广和应用到 6 号街区以外的一些道路建设项目中，包括：测试质量标准检测细化表，用不同层级的功能模式展示户外广告建设项目；提供 23 个街区 GIS 地图，注明步行道品质和不足之处，以及当地居民经常光顾的目的地；地方政府的质量意识，尤其是对步行空间的关注，得到显著提高；为维也纳所有街区举行最佳实践竞赛和展览，制定规划（面向日常需求）的品质标准，制作宣传小册或 DVD，发放给所有接收委托工作的规划人员、私人交通规划办公室和地区办事人员。

从 2003—2005 年，维也纳拓宽了 1000 米人行道，新建 40 处行人通道和 5 处无障碍步行道，完成 26 处公共照明工程和 1 个公共空间电梯安装，设计 2 处公共广场，并在 9 个不同地点增设休息座椅。

在试点阶段结束后，维也纳公布了如何将"性别主流化"战略纳入规划实践的建议。

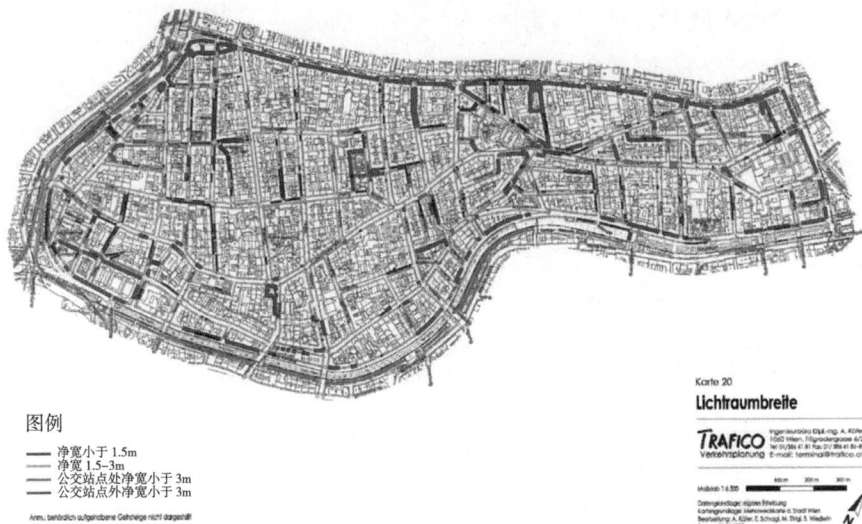

"性别主流化试点区"——玛丽亚希尔夫（MARIAHILF）

图例

—— 净宽小于 1.5m
—— 净宽 1.5–3m
—— 公交站点处净宽小于 3m
—— 公交站点外净宽小于 3m

Anm.: behördlich aufgehobene Gehsteige nicht dargestellt

Karte 20
Lichtraumbreite

TRAFICO
Verkehrsplanung

步行道宽度图（基于 GIS 分析和场地观察）

公共空间任务宣言

维也纳"公共空间任务宣言"是城市空间规划、管理和设计重点推动的一项实施内容。公共空间被视为城市物质空间与社会结构相结合的一个组成部分，是可持续城市规划的关键要素，是平衡不同群体、男女用户偏好的规划手段。社会—空间分析与评估是公共空间设计获得成功的重要工具。

主要目标包括：

——提供新的城市空间，满足人口增长需求；

——美学要求与用户需求相结合；

——加强现状公共空间管理，让公众了解个体的不同需求。

这项任务宣言由跨部门和跨学科工作团段制定。2007—2009 年期间由外部咨询机构主持，并邀请外部专家提出修订建议。地方议员和专业代表听取了这些问题的介绍，并参加了讨论。奥地利电视台就维也纳城市设计和公共空间规划战略所面临的挑战进行了半小时的报道。

城市景观中的楼梯
城乡结合区，维也纳

提高人行道，扩大步行空间，缩窄车行道
维也纳，第 19 区

目前，内部工作团队组仍定期举行会议，监控实施情况和进行中的试点项目执行状况。

社会—空间分析与迈德灵大街更新项目

对城市更新地区进行社会—空间分析始于 2009 年。迈德灵大街是传统的工人阶级街区，密度高，缺乏绿化空间，移民群体与老年人口比重大，超出了维也纳的平均水平。迈德灵大街是一个 20 世纪 70 年代风格的步行区，需要大量的检修工程。该分析主要目的是为了获得用户信息，便于在后续举办的国际设计竞赛中，了解公众对方案的偏好。分析方法主要有以下几项：观测、与专家与目标群体访谈、数据分析与图示，如步行线路结构图等。此外，还有几项主题应重点关注：例如，对不同速度的需求、座椅区、儿童设施和"地方大街"图示（增加起居室的露天空间）。设计竞赛的投标文件包含了该分析结果，并作为评委审议期间的重点内容。该项目于 2011 年开始建设。

迈德灵广场改造项目公开咨询与评估

迈德灵广场紧邻西部车站与迈德灵大街以休闲娱乐为主，兼有短暂的通行功能。在漫长的岁月里，这座小型广场属于城市的角落，仅有砾石地与草

增加鹅卵石人行横道高度、降
低路缘石、铺设盲道
维也纳，第 19 区

行人过街交通安全岛
维也纳，第 19 区

单行道增加行人安全岛短柱和
自行车道
维也纳，第 19 区

坪上的零星座椅。2006 年，维也纳公开征集迈德灵广场改造意见，咨询群体
包括：政治家、市政工程人员、当地利益相关人和初期用户。咨询活动所得
的基本结论充分反应在迈德灵广场的设计竞赛成果里，例如规划最佳步行路
线。2007 年迈德灵广场改造项目完工，项目在各阶段均考虑了"性别敏感性"
标准。

2010 年，维也纳按公共空间任务宣言要求，开展项目评估工作。评估内
容综合考虑了规划程序、项目基本情况，以及项目对不同类型用户的影响。
评估期间开展了专家访谈、对商务人群、广场及其周边地区用户进行调查访
问，以及若干项以观察为基础的研究。设计竞赛成果则交由专家评审团负责。

广场的步行舒适性是评估重点之一。迈德灵广场改造为全步行通道，沿
路布置座椅、休息和游憩设施，因此，提升了人们在广场驻足停留的舒适度。
此外，广场动静结合的空间，满足了不同群体的使用需求。

结论与展望

性别主流化战略在过去 20 年期间对维也纳城市公共空间带来了巨大的影
响。20 世纪 90 年代初，城市公共空间改造主要满足女权主义的基本要求，通
过公共空间串联城市服务设施、混合男女工作场所，影响着城市中的每个家

迈德灵广场中的通行与休闲空间
维也纳，第 19 区

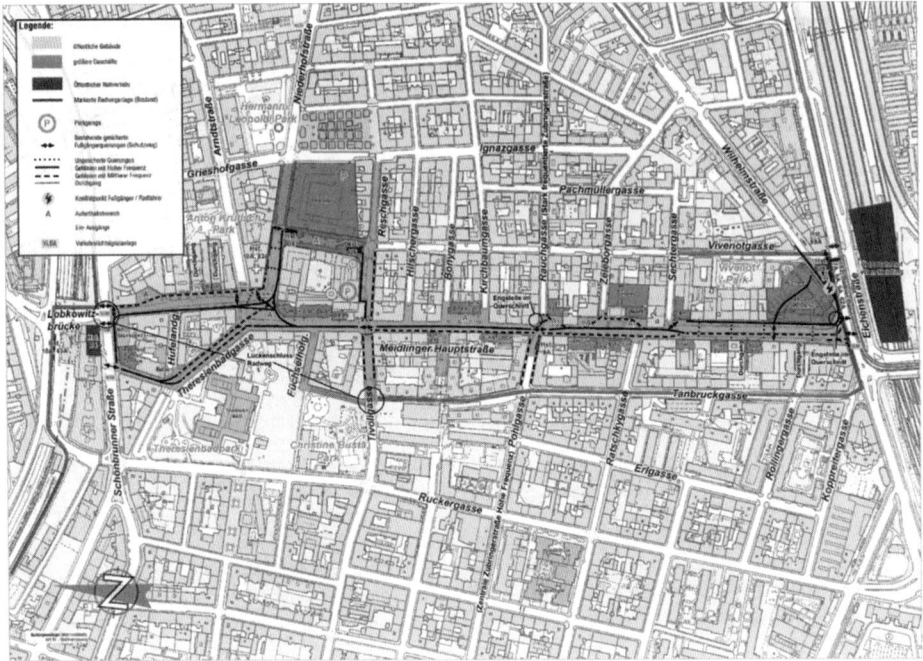

迈德灵大街改造设计中的社会—空间功能研究
维也纳，第 19 区

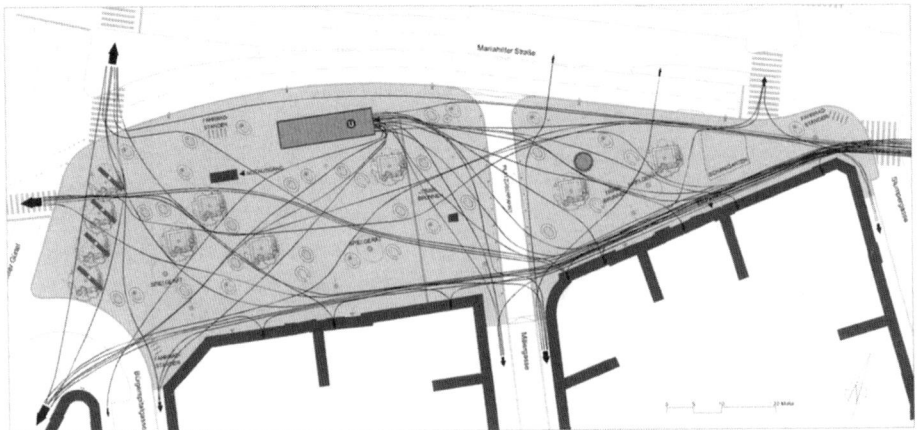

克里斯蒂安 – 布罗达广场规划范围（2010 年评估）
图例　　评估区域 / 克里斯蒂　　设计元素，家具布局　　步行关系
　　　　安·布罗达广场　　　（实施）　　　　　　　（2010 年观测结果）

迈德灵广场：步行线

庭。现在，女性在维也纳城市与交通规划机构中占据的领导职位，同街区与城市议会一样多。

维也纳现有经验表明，建设高品质的公共空间不仅是一个建筑设计或工程技术问题，也是一项关于如何将新型技术与社会智慧有效结合的挑战。"性别主流化战略"关注跨部门和跨学科之间的沟通与交流。公开征集与方案咨询的方法有助于地方政府顺利开展日常工作，并为决策工作提供有效支撑。

新技术手段有助于规划部门和专家进一步了解步行者，尤其是儿童、老人、残障人士及其陪伴者等群体特征，更好地满足不同群体的需求。新规划方法也要紧密结合政府部门工作，例如，空间社会分析（功能性地图）与引导、实施行动计划等。此外，设计竞赛活动强调公共空间社会性，可以让投标文件和成果的主题更为突出。

维也纳经验表明城市"公共空间品质"并不限于步行安全和公共空间整治。移动性（mobility），特别是步行适宜性必须考虑人们消磨时光的需求，包括林荫下或大树旁的座椅板凳上片刻休息，驻足与其他路人闲谈。可以说，与他人共同消磨时光是步行文化不可缺少且至关重要的组成部分。这一点对于带小孩的家长、老年人或其他步行不便的群体尤为突出。消磨时光也是日常出行的一部分。对此，规划首先要明确如何设定目标和品质标准。为市民规划"共度美好时光的基础设施"，就是让社区按当地居民的生活节奏——特别是为老年人，管理各项日常事务。

维也纳市政部门和各街区的城市生活类规划，在方法与程序中都或多或

道路栏杆（台阶）
维也纳，第 19 区

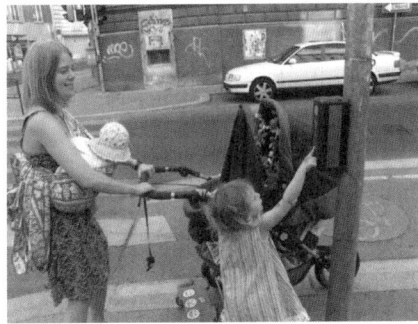

依据行人过街需求调整信号灯周期
维也纳，第 19 区

少地体现了"性别主流化战略"相关要求。但是，城市品质管理需要不断持续地发展。协调工作是步行环境和"公平共享"空间规划、实施、品质管理的基础——需要从上自下和从下自上共同发挥作用。战略层面（如，性别主流化战略、交通总体规划和公共空间任务宣言）和日常工作（案例中的管理机构和办公室）之间的信息沟通必须高效。因此，破除以往地域限制或部门约束，也体现在琐碎的日常决策事项中。例如，是否允许咖啡馆在门前步行道布置桌椅，确定行人过街交通信号灯周期如何管理，以及板凳或路灯的摆放位置。同样，战略性任务需要落实在行动中。维也纳研究和尝试的工作流程、沟通方式是"学习型机构"的范例——这也是维也纳公共空间任务宣言中最为重要的目标之一。

维也纳城市公共空间更新改造的资金来源较为分散，现由维也纳区议会和委员会负责。城市的市政部门会从技术、社会和程序等专业性手段支持区级层面的工作（属于战略规划的内容）。"性别主流化"示范街区和迈德灵大街设计竞赛对营造地方参与氛围，形成大众相关意识具有非常重要的作用。

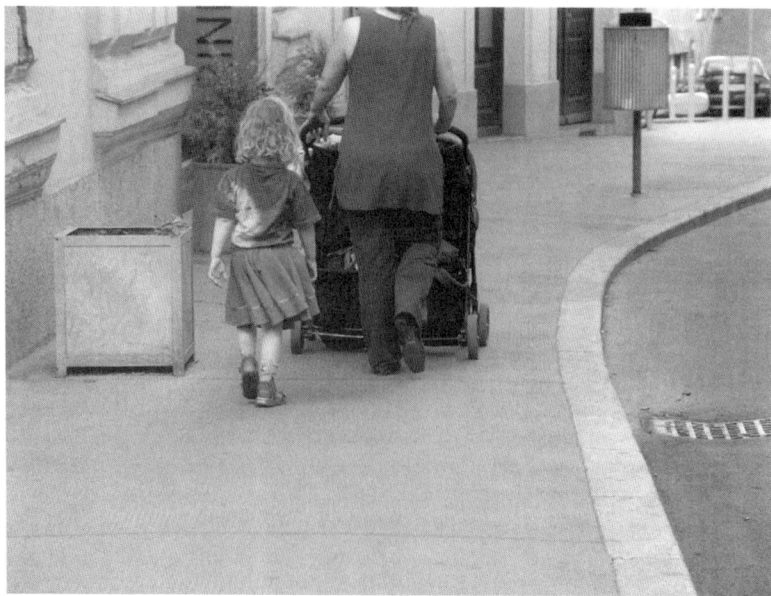

拓宽后的步行道
维也纳，第 19 区

　　维也纳公共空间规划、实施和管理在公众参与程序颇有建树，涉及不同市镇部门、街区议会和相关利益市民。市镇规划部门的专家通常与外部规划咨询机构共同负责过程设计和管理工作，根据不同用户需求签订合同开展辅助建设与沟通工作。

　　建设"公平共享之城"需要合理的手段与方法：社会影响应与空间功能、美学价值同样重要。考虑性别差异的设计必须有持续的研究，形成一项学习体系。物质空间设计必须首先研究社会空间影响。这也要求空间评估具有系统性，公共空间用户类型观测工作应长期持续。维也纳经验表明"性别主流化"是针对现状空间品质，最具有发展前景的战略性管理工作，也是值得专业化探索的领域。

展　望

第 9 章

让城市更宜人

从交通通行到空间利用：不同的策略

城市空间形态和功能会因城市所选择的，或经长年累积形成的交通方式，而有所不同。哥本哈根和阿姆斯特丹发展自行车交通已有时日，目前普及率高且出行量大，在自行车交通相关领域，如交通流量研究、街道配套设施和标识系统设计等方面，积累了丰富的实践经验。新的开发项目应预见并考虑自行车和步行交通在未来的重要作用。自行车交通契合了这些城市所提倡的基本价值观：减少污染、促进公共健康、提升整体生活品质等。

里昂与巴黎仍受困于 20 世纪 60 年代的汽车主导规划影响延续至今。这类城市采取的政策是，结合大都市区专项资金预算和分配方式，大力发展城市公共交通。同时，如何合理地利用街道可用空间是相关议题的重点，有时甚至是争论的焦点。这是因为，不同使用者对城市空间都有自己的多重需求和方式。基于此，实现空间共享的解决途径是通过优化街道家具和设施布局，保证步行交通通行，协调同一空间内的多项用途。随着双轮机动车在巴黎城市中的数量不断增加，不同功能之间的冲突越发凸显。虽然自行车已经发展为哥本哈根的一项城市标志，但在法国的城市中，也许除了巴黎的地铁，其他地方尚无类似的具有象征性的交通类型。

伦敦最初也是面临同样的问题：即，超负荷地使用城市公共空间。通常而言，汽车是伦敦街景中的主角，而步行和其他柔性交通模式处于边缘或出行环境较差的空间。对此，伦敦的城市"共享空间"计划开始试验让所有交通混行，而非分隔的模式。这种模式是以不同交通使用群体相互遵守礼节和规则为前提，唯一的条件是必须让汽车慢行。这项试验性探索给伦敦带来的

里昂喜剧广场
F·居伊，里昂城市规划事务所

直接效果是，更加简洁的街道设施和布局让城市空间得到迅速改观。然而，这种模式颇有争议，因为会影响盲人或视力受损人群使用出行引导设施。所以，实践证明空间的组织不能单纯依赖理论和理念，而必须为每个非常具体的，潜在的问题找到解决办法。

维也纳曾经在相当长的一段时间里，和许多其他欧洲城市一样，城市的发展是建立在机动车交通的基础上。同样，维也纳实施了综合性的城市可达性管理战略。但是，交通出行模式在开发阿斯彭新区时出现了根本性的转变。城市道路要优先考虑行人、自行车、当地性功能和自然景观等空间需求，为绿化、步行、骑车和社区功能留有充裕的空间的同时也带来居住风貌的改观。同时，新区环境氛围出现相应的变化——更加平和、安静——不仅这里的社区没有与城市分开，而且还有良好的公交体系与之接驳。

洛桑是在探寻一种经过深思熟虑且过程可控的全域性发展进程。每一次更新改造都是城市更接近"宁静化交通"目标的机会。洛桑针对提升更广范围可达性给予了资金扶持，并尝试劝阻机动车驾驶者，除非是绝对必要的情况，尽可能地减少穿城交通。规划新社区交通模式向宁静化发展。就道路而言，普遍接受的一项做法是：道路空间更多地留给日常功能，特别是步行、自行车等双轮交通模式。

从以上这些案例可以看出，景观、功能和利用方式最终效果有很大的差异，这取决于城市发展所选择的基本原则和实施方法——无论这些城市提出何种目标。同样，就项目而言，不同的交通出行方式类型将影响实施的品质。

交通政策的必要性

欧洲城市非常善于在应对全球气候变暖行动中发挥地方性的潜在作用。人们都认同，长期无止境的城市蔓延所产生的负面影响：把居住区不断推向更远的郊区、侵占更多自然用地、机动车交通增长带来大气污染恶化、公共服务设施成本持续增加等诸多问题。城市居民也在承担着：交通出行路程更长、时间耗费更多、身心俱疲等后果。即便实现起来还存在巨大的难度，人们对建立一个更加紧凑的城市的愿望日益增强。为了消除部分居民对于都市生活是否具备吸引力的存疑，我们必须拿出具体的解决方案。由于汽车统治时代的影响仍有所延续，提升空间密度有时并不会增加舒适感。比如，以往为小汽车（或公共交通）通行而设计的道路，通常人行道更笔直，空间易受污染，因此，步行路线危险、行程漫长又疲惫。

在增加城市吸引力的宏伟计划中，必须与那些期望地方变得更美好的居民意愿相一致。目前我们仍处在一个过渡时期：虽然巴黎和洛桑都在谈论城市的"蜕变"，但是，不幸的是，在不改变机动车出行持续增加的条件下，要

阿姆斯特丹市的街景
图片来源：里安·克兰斯伯格，
阿姆斯特丹城市档案馆

建设绿色清洁、安静宜人的公共空间则意味着更大的挑战。因为，这当中涉及大量的双车道、停车场和立交桥——所有这些都是 20 世纪 60 年代和 70 年代城市规划范式的后果。

对城市性的追求离不开城市的交通发展政策。当然，我们希望最终能缩短出行时间，我们也可以寄希望于新技术的应用逐步实现交通电子化。但就目前而言，交通出行仍是一项非常现实的日常活动，需要居民和公共部门共同找到解决难题的答案。公共部门必须以改善舒适性和提升交通供给竞争力为目标，全权负责和推动交通系统的改革政策。

有能力提供"设施"是指新建广场、扩宽步行道、加强社区联系等，适应当代城市生活需求是改善居住环境的基本原则。我们必须为这些"设施"找到恰当的空间。所以，必须压缩小汽车占用的空间份额，让其他类型的城市生活和多种交通方式都得以发展。

许多城市开发建设者已意识到这些问题，并开始着手制定交通发展政策。例如，有的城市仔细审查土地利用情况，加强对自然资源地区的保护，提升已有的城市建设密度等。城市交通系统政策是为了鼓励公共交通和柔性交通模式，构建更便捷的换乘方式，同时对小汽车的空间控制在合理的范围内。被人们忽视已久的步行活动被视为一项正式的交通出行方式。

城市的实践经验

差异化的策略

参会城市所采取的发展战略大致可分为两类。一类是按照总体方向直接启动近期项目（例如哥本哈根和洛桑），另一类在现阶段仅仅是提出了发展战略，尚未系统地展开实施建设。

有些城市在政策中设定了详细的目标（有时是数据指标）。例如，阿姆斯特丹和哥本哈根以自行车交通优先作为衡量环境可达性的基础，并体现在不同尺度或层级的政策中：重新构建自行车道路网，为自行车道路网提供相应的资金和配套建设，规定建筑、公共空间和换乘点配建自行车停放点等。

维也纳阿斯彭计划是建立以柔性交通和步行为基础的交通宁静化社区。

阿姆斯特丹的自行车集中停放点
图片来源：丽贝卡·奥芳森德（Rebecca Offensend）

通过聘请专业机构研究柔性交通和步行模式，维也纳对交通流量和未来发展需求有了更清晰的认识。据此，该市编制了土地利用条例，内容包括道路系统、开发项目，以及特定群体出行所需要的尺寸大小、交通换乘特点、大气环境等相关设施，通过建筑相关规范要求（如自行车停放点配建），提升交通主导模式在社区的竞争力（尤其是公共交通工具）。阿斯彭社区很好地体现了维也纳新的战略方向，当其建成后，将遵循城市发展新原则开始运营，这与既有的方式形成鲜明对比。

与之相反，其他很多城市倾向于提出方向性的指导原则，由各个行动方负责在地方性项目中将其纳入和落实。里昂制定的城市交通运输发展政策是构建一个适用于所有交通体系（实施性项目）的强大网络。当中提出，要以有益于周边乡村地区进入城市主要车站作为基本原则，人们可以通过轨道交通到达与里昂城镇密集区各中心，然后在此利用竞争性的交通工具（地铁、电车和巴士）完成与公共自行车设施或短距离步行的接驳。里昂目前已经在实施性项目中推行交通政策的基本原则，但还没有针对特定交通模式给地方提出详细的建议和规定。里昂在"汇流区"改造计划中（汇流区位于索恩河与罗纳河交界处，里昂在2003年批准了对该地区的改造计划，预计2020年全部完成。该地区所有建筑都将采用绿色可持续环保节能技术。——译者注）

将整合以往项目的成功经验与做法：大幅削减住宅单元配套停车位、优先发展轨道交通等。但是，在大里昂地区公共空间设计标准中，并没有明确规定柔性交通模式比小汽车更优先发展。政策实施是在各点状项目的基础上以渐进的方式推进。但是，罗纳河岸改造是特例，将河岸长达 5 公里的汽车停车场改造为步行和自行车专用空间是一个重大决策。

多元化的背景

　　巴黎继续推行着鼓励公共交通和柔性交通的政策，但没有在地方性项目中公开表明官方的选择倾向。我们可以大致认为，巴黎由于城市小汽车总量持续减少（这是非常现实的情况），让城市公共空间的利用有了更多的回旋余地。这主要是因为巴黎有着特殊的背景。这里有超过 200 万的居住人口，人口总数达千万，城市与远郊交通往来频繁。城市中心地区的活动和事件不止会影响本地居民，还会牵动每天在此聚集的所有群体。因此，巴黎的解决方案不能囿于市中心，必须看到这座城市的特殊性。巴黎在周末和夏季的"巴黎海滩节"期间，将塞纳河右岸的双车道改造为步行专用区的做法，既改善了生活品质，又能在常规时期控制交通流向中心区。除了新建大型工程（如电车新路线），巴黎还在探索新的行动方案。比如，巴黎在"巨变"计划中，结合现代城市生活中不同时间节奏，调整某些场所的临时性功能。再如，"巴

里昂市罗纳河河岸（步行区改造前）
F·居伊，里昂城市规划事务所

改造后的罗纳河河岸
P·特里，里昂城市规划事务所

黎——塞纳河畔的大都市"行动不仅是巴黎的河岸改造项目，也是"巨变"计划中的一项短期措施。

里昂、阿姆斯特丹和哥本哈根三座城市规模相当（大都市区人口不到150万，城市居民超过50万人）。通过几十年的不懈努力，自行车已成为阿姆斯特丹与哥本哈根的城市主要出行方式之一，城市出行占比超过1/3。这两座城市不仅在自行车交通领域积累了宝贵的知识和建设经验，还避免了小汽车主导的发展模式。新社区开发建设要符合城市鼓励柔性交通发展的目标和要求，开发建设要满足相应的交通可达性设计要求和量化指标。所以，哥本哈根新港区在可达性设计目标中提出，要将自行车出行率增加30%~50%。工程师们将以这些目标作为设计和测算的基础，同时，城市将修建大型自行车专用道，加大对步行和自行车专用桥梁等项目的投资，进而落实步行与自行车交通优先发展策略。

并非所有城市都会采取类似的行动。大多数城市在投资上长期侧重机动车交通，而现在则专注于道路交通的专项管理，如，要么提升道路便利性，要么增加交通流动性。这些做法往往会降低都市生活品质，也有碍于其他交通模式的发展，但每天都在城市中上演。优先发展其他交通模式，需要在专业领域不断实践和探索。我们距此还有很长的路要走。转换优先发展的交通模式意味着转变看问题的角度。步行优先需要我们考虑行人需求、行为特点；将自行车交通体系纳入小汽车出行和公共交通网络，需要接受可能出现的交通拥堵状况，了解事故多发地的状况；对城市生活具有重要意义的场所进行干预；根据我们的目标，而不是既有决策基础，来发展柔性交通及组织小汽车交通。城市交通政策需要通过工程技术将项目付诸实施。法国在过去 30 年里一直在建造市政基础设施、立交桥和道路。如今，我们必须改造这些复杂的公共空间、适应新的生活方式、强化不同类型公共交通的换乘和接驳、拓展步行空间及其用途。这是整个行业的变革，即，交通管理技能也许变得没那么重要，反而需要我们有能力把握不同情况所处的背景、识别出与周边地区联通的方式。此外，我们还必须掌握一系列的方法，包括设计流程、确定场地规则、协调项目、引导沟通、制定策略等。

战略到行动的一致性

洛桑的"城市嬗变"综合改造项目，为所有的交通方式（包括小汽车在内），根据其交通等级和优先地位构建相应的可达环境，并明确重点发展城镇至城镇密集区的交通出行主导模式。该项战略性计划也成为后续数年的重点实施任务（例如，修建地铁、建设弗伦社区等），通过调配资金和筹备项目，将综合型战略计划转变成具体工作：如开发中心区的公共空间、重构城市交通网络、配建停车和自行车服务设施等。此外，洛桑城市北部新建的生态城区在设计中充分贯彻了"城市嬗变"计划提出的交通原则。无论是城市各部门组织架构，与城市社会行动各方的合作关系，还是指导新项目

哥本哈根北部新区的街道
供图：蒂娜·萨化

开发而制定的规则，都是为了落实城市的政策目标。

　　洛桑通过划出适当的区域范围，制定实施策略，调动资金和技术支持，实施以提升可达性为主题的行动。但是，通常情况下，城市实施效果（尺度上）与试图解决问题的规模往往并不一致。伦敦已实施了多个街道改造项目，让公众亲身感受柔性交通和步行优先带来的全新感受。但令我们更感兴趣的是，在一个人口超过 1000 万的大城市中，既有的经验是否仅适用于少数的几个地点，或是可以在更多场所推行这种精心的处理方式。如果结论是不行，那么伦敦在这一领域的实际进展很可能与其公众舆论存在偏差。这也再次印证了大众言论与实际效果之间可能并非一致。这种情况很常见。例如，有些城市基于政治考量而提出的项目，而真正的投资最终会流向其他领域。更多时候是，现实结果极少或根本不会与城市的战略选择方向一致。甚至有时，实施的项目还会与城市战略的初衷相背离。综上所述，如何将一般性的原则转变为具体的行动，是城市发展中经常要面临的一个问题。

改变生活方式

　　讨论发展背景不能局限于思考城市本身，很有可能受到国家层面的影响。以法国为例，小汽车在国民经济中占有重要地位且具有象征性作用，多年来被赋予荣耀和传奇色彩。交通发展战略的任何调整和改变都必须首先面对这项议题。由此，我们可以推断，小汽车很可能是许多城市居民唯一的通勤方式。公共部门是否采取某项措施要考虑政治层面的影响。所以，在决策阶段通常也会

里昂的街道园林展 1
供图：奥利维耶·诺德

里昂的街道园林展 2

出现因现状约束而保持谨慎态度的偏保守言论。尽管如此，人们对降低小汽车出行的意识、态度和行动似乎也在切实地发生变化。巴黎对圣丹尼斯城市中心步行区改造的前期调查表明，70% 的受访者支持该项计划。项目动工的前一年，为了让步行专用化获得更多的支持，帮助人们适应改造后的空间使用，该地区特意举行了"无车星期日"的活动，让公众充分了解未来的空间安排。我们可以通过临时的或渐进的行动支持地区的变化，而不是采取激进的解决方案，从而让人们能够更好地理解和判断当中的问题以及适宜的应对措施。

生活方式已在改变，我们至少必须尝试或努力跟上现代生活复杂的方式与节拍。也正因如此，维也纳在阿斯彭新区规划中提出新的交通（柔性）模式。采用这种模式需要对用户行为有深入的分析，并提出明确的政策主张，才能更好地提高生活品质、鼓励公交与柔性交通发展。虽然从维也纳在城市其他地区的实践来看，阿斯彭新区推行的（柔性）交通方式和规划实施效果属于非常规的做法，比如，以儿童和残障人群出行作为工作重点。阿斯彭对步行路线的改进方式切实地考虑了最常使用公共空间的群体，以及弱势群体使用的舒适性。这种方式强调公共空间不只要考虑功能，更是一个城市实践的空间和一种生活方式。

规划方法的探索

巴黎塞纳河河岸改造项目是更好地适应城市生活方式的又一尝试。巴黎对城市公共空间的需求极大，除了因为步行占了交通出行的 50% 以上，在年轻群体推动下，城市公共空间逐渐出现了一些新的功能，特别是那些推崇健康都市生活的年轻人，他们会积极地寻找并享受更轻松愉快的城市生活。作为对"巴黎巨变"战略进行反思中的一部分，为了适应城市中涌现出的临时性空间用途，"巴黎——塞纳河畔大都市"行动的空间改造力求即刻见效，成本低廉，且不需要建设永久性工程。我们可以从该项目观察到人们利用空间的方式，并以此作为未来永久性改造或临时性安排的基础。

哥本哈根在诺尔博格大道改造也采用了类似的方法。诺尔博格大道改造项目首先对人行道进行了暂时性的扩宽，以便于自行车和行人使用，还在新增的空间中布置了简易街道设施。然后，根据一系列实践经验与观测的结果，

"街头花园节" 里昂，2006 年
里昂的街道园林展 3
供图：奥利维耶·诺德

研究诺尔博格大道街道空间的永久性布局方案，再启动明确的实施项目和后续建设工作。里昂的 "街道花园" 节是一种临时改变街道用途的试验性城市活动。通过调整原本尺度过宽的车行道，让街道变得更有吸引力、更舒适和更有活力。参加活动的设计师们将花园穿插在街道空间之中。这种成本低、见效快、不需要永久性工程的改造方式，为城市空间再开发提供了一种新的途径。满足新的空间需求或是找到新的解决方案，并不一定要实施大型的永久性工程。实际上，优化管理或微小的改造可能就已满足所有需求。

从项目中吸取的教训

我们可以从各个交通政策及其实施项目的分析中总结出许多经验教训。这不仅关于一般性原则与具体实施效果之间的关系，也关乎评估已经实施项目的成效。所有的实施项目都需要注意这两点。

制定合理的战略和建立适宜的治理机制

城市有其特定的组织方式、发展背景、历史沿革和经济基础。城市发展需要清晰地知晓自身应该如何，以及能够对不同层面的交通政策作出适宜的

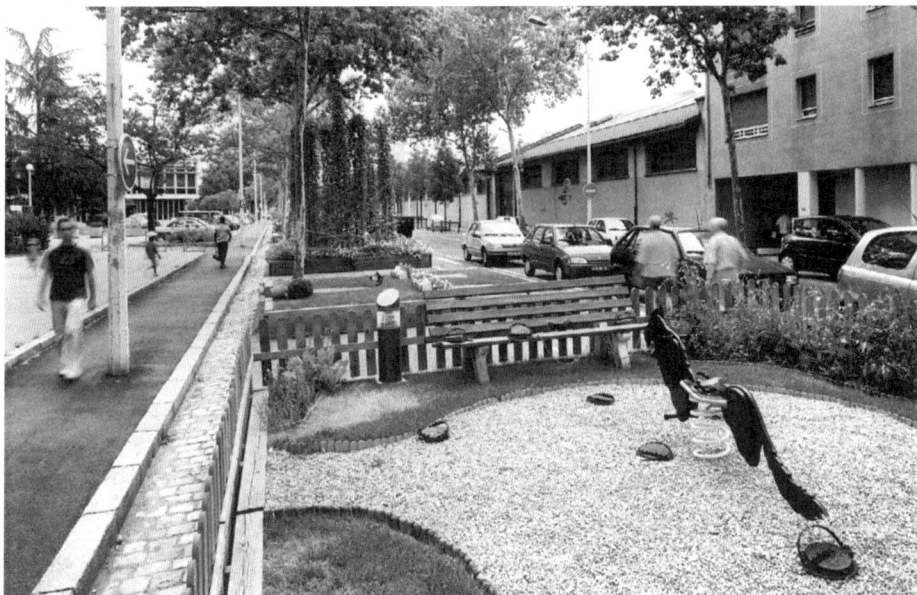

里昂的街道园林展 4
"街头花园节" 里昂，2006 年
供图：奥利维耶·诺德

选择。城市发展战略不能直接复制其他城市的成功经验，必须考虑自身的发展脉络、价值体系和城市的独特性。因此，哥本哈根没有选择像巴黎那样，构建一个庞大的地铁网络和高效的有轨电车；里昂的目标也不是像阿姆斯特丹那样有 50% 的自行车出行比率。

　　另一方面，我们必须努力构建良好的合作关系，提出综合性的解决办法，而且必须与其他部门的工作有所区别。当然这需要时间逐步推进。因为，交通政策不会凭空产生，而是建立在城市里的流动性之上，就像城市一样，不断地演进，所以，也是城市的行动。

　　或许大都市区会带给我们一些启示。都市区内的城镇相互依存，主要公共交通方式、规划方向和总体结构的决策都必须经过集体讨论、协商和裁定。建立专业权威或伙伴关系（治理机制）将有助于制定并实施城市战略与政策。就像洛桑有：国家、州、城市、洛桑大区，而里昂是：公共交通管理局、大里昂地区、城镇、里昂市区。

　　再者，我们必须确保具体行动能很好地体现基本原则。这又是一个治理问题。规划、研究或获得资助的重点措施必须与不同群体合作，或让他们参与其中。例如，像洛桑这类政治性项目，必须获得广泛的支持，并协调不同项目所有方。我们还必须确保每个项目落实政策所述的优先原则，在必要时还需进行干预。我们不能一面鼓励柔性交通发展，一面在限制小汽车的决策中遇到困难就退让。每项行动的实施，即便是实用性行动都对城市甚至是整个社会产生影响。所以，我们必须梳理并研究一个区域中的现有项目，城市再开发的成效取决于既有项目是否与城市战略方向相一致。

项目中应用这些原则的方法

阿姆斯特丹为鼓励自行车交通出行实施的城市政策就是很好范例。这项颇有历史的政策塑造了并持续影响着区域的发展格局。城市"红地毯计划"是该政策在这一时期的具体实践。以车站为起点的街道空间体系均优先安排自行车与步行需求，小汽车在此处于次要的层级。"红地毯计划"将横穿威斯普广场的一所大学校园，因而，空间的使用模式与城市轴线构成垂直交叉的关系。对此，阿姆斯特丹提出两种解决思路：一是"红地毯计划"享有优先权，让穿越校区的路段两侧都有宽阔的人行道；二是在穿越校区的范围内，沿"红地毯计划"的轴线建设立体化的交通广场，组织自行车、小汽车和巴士，但如此一来，会大大减少该地区的功能多样性，而不转移该用地的开发权。所以，不同的两种组织方式将产生两种截然不同的效果，属于两类生活方式：是修建一条宽马路还是兴建一个广场？

有时候，如果没有视觉效果作参考，人们很难对抽象的选项作出判断，这在现有案例中时有发生。所以，"红地毯计划"用图示的方法对比了这两种方案的效果，作为一种前期研究帮助人们进一步理解、讨论和决策。

城市战略的启动契机

要为城市战略的编制、认可、实施创造良好的条件并非易事。从城市已有的实践经验来看，多数城市取得成功的一项因素在于很好地把握了时机，有效地提高了公众意识，调动了人们的积极性。维也纳用性别主题将关注点聚焦在空间使用领域。阿斯彭新区案例更印证了契机对城市战略的重要性。

洛桑的"城市嬗变"计划也在逐年推进。阿姆斯特丹和哥本哈根继续保持城市独特的优势——自行车交通。巴黎开展的城市海滩节与周末步行日带动了城市空间的娱乐功能。"巴黎——塞纳河畔的大都市"计划让公共空间融入大城市的生活。里昂公共空间政策激励了城市发展，罗纳河河畔空间改造保持了应有的活力。在一些项目尚未落实的地区，大里昂气候规划为促进步行和柔性交通在城市的主导地位创造了条件。

评估结果

随着时间推移，上述城市发展计划与项目将逐步完成。而现阶段我们尚无法看到实施效果。我们必须按评价标准进行反馈和评估，不断审视我们的创造动力和变化，我们可以在前进过程中，利用发展机会的变化来调整和引导行动，实际上，这不仅是因为城市所处的发展背景有很大差异，还因为：并非所有发展战略都会带来预期的效果，也不是所有战略的实施都会获得成功。当然，有些事情已经存在：自行车在哥本哈根和阿姆斯特丹的交通地位还将不断提升，而在巴黎和里昂，汽车的使用正在减少。

前行的道路依旧漫长。就像绝大多数人已认识到的全球气候变暖问题一样，扭转既有格局依然任重道远。我们对比在城市公共政策中取得的成就与不足之处，往往会质问自己是否还能把事情处理得更好。城市就是都市社会，并且还在不断演化和发展。

第 10 章

行人：城市的创造者

> "他们行经的线路相互交织，赋予空间以形态。他们把场所编织在一起。"
>
> 米歇尔·德·塞尔托（Michel de Certeau）[1]。

我们可以将城市里的步行设想为一组改造城市的实践活动。这些实践使"城市某些部分消失，有些部分凸显，或是扭曲、分离，偏离了固有的秩序"。这也是当代反思"汽车主导"的基础，即重新回归到以步行者为中心。米歇尔·德·塞尔托提醒我们要去关注实践活动所带来的影响，以及步行者的创造力与抵抗力——特别是那些步行者，通过他们的行动、身体与行为的自由——千百名城市居民在日常不断重复和持续的步行中"创造场所"，将颠覆我们"观念中的城市"：乌托邦之城和文本中的城市。

按米歇尔·德·塞尔托的说法，步行者实现了组织空间秩序中的可能与限制。步行者在空间穿行、游走，"用这样的方式，让空间秩序得以显现"。但同时，步行者也在创造和改变着空间秩序。某些空间的步行特征得到提升，也有些空间要素被遗弃。"[……]并且，如果步行者只是让空间既有的可能性得到显现（仅仅是按既定的线路行走），其实也创造出许多空间的可能（例如形成捷径和迂回的弯路）"或限度（例如禁止通过某些捷径，即便是必经的路线）。步行者的误闯、磕绊，与他人在空间邂逅、偶遇或非正式地相逢。步行者用这样的方式"述说着城市"，开辟"像乐章转折"的路径，形成一个其他用途的"临时"情境——城市因这些"当地的传说"而"宜居"。

---

1 *The Practice of Everday Life*，University Of California Press，Berkeley and Los Angeles California，1984.

纽约市联合广场，第 14 大街东
供图：艾伦·埃勒比

　　有许多作家都曾清晰地表述过步行者在城市生活中的核心地位。例如，瓦尔特·本杰明（Walter Benjamin）将"闲逛者"定义为"地方守护神"，……"就像处于室内一般，在房屋外墙之间生活、体验、创作[1]"；再如，理查德·桑内特（Richard Sennett）将纽约第 14 大街描述成一个"人群互动"之地——这里的社会生活无法被计划，因为街道的步行者就是这里的建筑师[2]。乌尔夫·汉内兹（Ulf Hannerz）也早在 1980 年就开始思考迅速发展的通信技术降低了人们偶遇的机会，最终会导致"城市的死亡"（汽车和通信技术让"我们只能接触到我们想接触的人"）[3]；此外，艾萨克·约瑟夫（Isaac Joseph）将城市中的步行活动描述为"一项精心策划的活动，充满与其他行人互动的情景"。通过以上这些作者的文字，我们可以看出在城市里步行的男男女女何其重要。不仅因为行人在城市空间的穿梭为场所赋予意义，更因为步行活动将促进城市的公共生活——这类只存于大城市中的陌生人之间的社交礼仪，

1　"Le retour du flaneur"，*revue Urbi* 3，mars 1980.

2　SENNETT，R.，*The Conscience of the Eye. The Design and Social Life of Cities*，New York，Knopf，1991.

3　HANNERZ，U.，*Exploring the City*，New York，Columbia University Press，1980.

以自由、匿名和流动性为核心的价值观。

鼓励步行以提升城市性

过去数十年，行人长期被城市规划所忽视或处于遗忘的状态。那些呼吁恢复行人在当代城市地位的声音仍受到冷遇和懈怠。这点从 Popsu 在 2010 年举办的两场欧洲城市（包括巴黎、维也纳、哥本哈根、阿姆斯特丹、里昂、洛桑和伦敦等地）项目专题研讨会也可见一斑。重新考虑支持步行发展的城市政策需要有力的证据。据此，现阶段的研讨会将大量的时间关注在"如何"让城市更适合步行的议题上。但也许我们还应该多从"为什么"想想这个议题。即便只是为了让我们进一步明晰行动和工作，且避免一头扎进另一条死胡同。在很长一段时间里，似乎不言而喻的是，我们应该按机动车出行特点来设计城市。那么，我们今天为何要为步行重新设计城市空间？这是基于什么哲学理念或城市与社会学的设想？

如果只是从可持续发展的角度来考虑这个问题——目前主导着城市的开发建设——极有可能是一个错误，而且会对城市开发项目产生消极影响。让步行场所回归城市不仅是让我们的城市更"透气"，从而为居民创造健康的环境，降低噪声水平、减少道路交通事故，同时也是——我们必须澄清这

2008 年里昂共和国步行街
供图：M.P. 鲁赫，里昂城市规划事务所

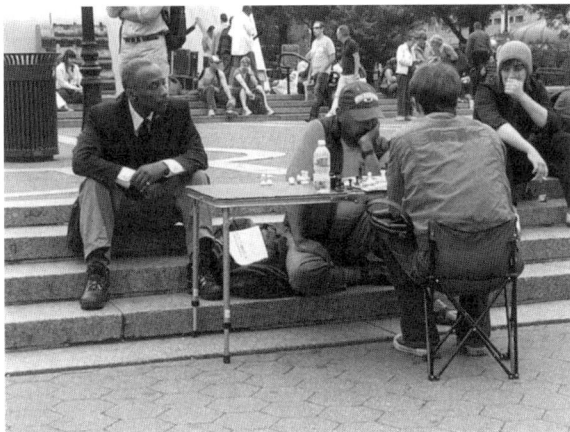

摄影作品《街道警卫》，联合广场
供图：Louise's Best Sunday Dress

点——有机会改造那些可能造成城市隔离或碎片化的场所。在城市不断扩展、蔓延，并分裂成次级中心、外围郊区或封闭居住小区等无数区块的背景下，步行可以让存在差异的社会群体"团结在一起"。

对抗环境污染是城市步行政策获取公众支持的一项有力论点。但是，更有意思的一种说法是，城市步行政策符合未来发展方向：行人及其关群体（通勤者和地铁乘客）是包容他人的文化关键要素；而这种包容正是我们在大都市得以共同生活的原因。我们必须从都市区的层面重新审视公共空间与交通状况。

已有许多研究清晰表明，步行是一种交通方式，可以增加陌生人面对面的机会——居民在公共空间中那些随机的、短暂的非正式见面和互动。这类互动行为以及与他者的偶遇，还有在街道、广场、车站、公园、市场或者节日庆典中的聚集，其意义远比表面上看到的深远。从某种意义上说，这些活动是一种"社会性生产力"，有助于创造出被称为"城市性"的"非个人文化"——这种"松散联系"的集合让大城市的社会结构具有弹性和灵活性。乌尔夫·汉内兹对此曾解释为，"与那些未曾谋面的人邂逅，经历那些计划之外的事"：这些实际中的体验或许既不"有用"，也非那么愉悦，但对个人、社会与文化方面可能带来特殊的影响。我们可以从这些即兴的交流中学会都市生活所需的礼节，了解公共场合中互动行为应有的距离——这些都与我们

纽约市联合广场
供图：克里斯蒂娜·维纳托雷

在住区和街区层面那种熟识的、亲密的社会管理方式极为不同。这些休闲活动与闲逛行为带来的互动给各种机缘巧合提供了条件："很多收获是在寻找其他事物的过程中不期而遇的"。这样的可能性增添了大城市的魅力，也是城市创造力的源泉。

所有通过边缘化城市步行来支持小汽车交通的做法不再受到推崇或已经淡化。塑就城市生活的品质要"有益于经济活动和商务往来"（此处指伦敦），并赋予欧洲城市以个性特质和地方精神（正如我们在哥本哈根会议提醒的那样）。城市的决策者们指出："步行即都市生活"，"与他人在城市公共空间相遇，会增强对他人的宽容和理解"。行人与自行车都是构成哥本哈根城市特色的重要组成部分。过客、闲逛者和步行者每天慢慢地改变自己与环境或与他人的关系。如果没有这些日常频繁的步行，都市生活也不会存在，更不会有都市性的景观——只剩下一晃而过的景物、模糊一瞥和分隔孤立的印象。

如何设计出"产生他者意识"的公共空间

那么，我们该如何设计和改造当前的城市（并非属于历史悠久的城市中心区），让空间不仅"步行友好"——满足步行线路顺畅和安全的要求——还在更广泛的意义上，促进公共生活蓬勃发展？怎样的空间能让行色匆匆的都市男女放慢脚步，驻足停留，稍做休息，进而思考光怪陆离的社会生活，享受城市中的氛围？按照理查德·森尼特的说法，这类空间能够激发人们关注"他人的意识"，由此引发人们相互交流、学习，带来城市生活的繁荣发展。

2010 年 9 月和 11 月分别在巴黎和维也纳举办的研讨会上，相关实践案例为我们提供了如下经验：

首先，必须考虑并认识到行人是构成城市生活特征的基本要素。这取决于得到政府充分认可、专业人员和社会活动者共同支持的政治愿景。这些步行政策支持者将努力说服市议员们认同当中的价值，并由此形成城市发展模式转型的政策推力，或者是务实地提出一种基于使用情况的新型开发方式。维也纳一直在尝试，将步行者日常积累的经验纳入城市设计，尤其是女性和弱势人群的日常需求。哥本哈根则提供了另一种方式，在开发计划之前，展开对城市生活的专项研究，然后提出在公共空间加强社会交流和互动的发展重点。

第二，最为明显但往往很难管理——为行人腾挪出空间。实际上，这对机动车交通提出管理要求，将机动车线路的减速、禁行、改线等要求重新

里昂路易 - 普拉岱尔广场（Place Louis Pradel），2000 年

整合进一个新的层级结构，同时提供便捷的公交系统、柔性交通模式、联运系统等服务。比如，洛桑以建设城市 M2 轨道作为提升步行空间的契机；在 1991—2001 年期间，阿姆斯特丹市中心的机动车交通量减少了 19%；巴黎实施了"巴黎沙滩节""巴黎深呼吸"计划、共和广场改造工程等一系列措施；大里昂地区则通过改造罗纳河河岸（之前是停车场）构建起以步行和自行车为主导的公共空间体系。除了以上这项案例，还有很多实践和持续探索，城市步行专用空间的理念不断发展。

　　第三，进一步研究表明，具体行动要根据对公共空间概念的深入思考，并得到城市各方群体广泛认同。虽然在巴黎和维也纳的两期研讨会上，明确了这类议题的要点，但是鉴于现阶段相关理论的研究尚显薄弱，还需进一步展开工作。据此，我们再次强调，必须重视提升城市公共空间可达性的研究。这包括不同群体的生理特征，如关注残障人士（有些城市在此领域已取得很好的成效），还有考虑人口的多元社会属性，需要在中心区与外围城镇居住组团之间形成更加高效的联系，打破那些形成城市隔离的心理障碍。我们必须区分公共空间与公用空间的差别：前者不能被特定类型的人群所"侵占"，相反，必须保持场所的开放性，让城市居民接纳甚至主动探寻外地访客、陌生的路人，以及意想不到的经历，并且让场所中的"每个人都觉得自己属于少数派"（如前文介绍的伦敦案例）。我们应谨记，不能仅仅从美学的维度来定义公共空间：实际上，空间的使用品质在很大程度上取决于对空间的诠释；换句话说，空间应具有多种功能和用途。这也意味着，将公共空间作为"生活的枢纽"[1]，连接各种功能（包括各式交通、服务、购物、文化活动、历史传承等），为人们在此交流思想、消磨时光或思考城市提供可能性——就像老城区的拱廊和街道那般，结合了漫步、闲逛、临时性活动等不同时段的用途（即，夜间/白天、季节性等）。最后，我们必须理解"情境的可辨识性"[2]（intelligible situation）。这需要具体的场景设施，以及令人心情愉悦的环

1　Term used by Sonia Lavadinho, école polytechnique de Lausanne in "Examples of pedestrian metrics developed in major European cities: successes and limitations". Presentation at the Repéres Européens meeting, Lyon, October 2009.

2　JOSEPH, I., *op.cit*. By the same author: *Le passant considérable. Essai sur la dispersion de l'espace public*, Librairie des Méridiens, Paris, 1984.

境——虽然在研讨会中只是粗略地提及，却是一个非常值得研究的内容。（例如，维也纳在一些街巷的转弯处安装反光镜，以解决交通盲区的问题；阿姆斯特丹将新建的地铁站入口处理成通透明亮的空间；里昂在未来"柔性模式"通道中设计了灯光和公共艺术装置等）。

第四，城市管理和组织系统必须高效，能够把政策目标或某项信息从政治决策者"直接下达至现场的技术人员"。在这个问题上，巴黎提供的案例颇具启发性。考虑到新组建的公共空间管理部门涉及多个学科背景，结合部门里的四大板块（道路、城市化、绿地和环境、卫生与水资源），重新考虑部门的运作架构、工作职责和人员培训。维也纳根据城市日常出行活动研究发现，步行和公交乘客以女性群体占据比重更多，因而，在近 20 年的时间里，城市所有部门都在致力于提升女性在公共领域的地位。

第五，公共空间和广义上的所有城市步行优先系统均需要时间管理。开展空间设计需要事先知道材料的维护、清洁等"可持续"应用方式，街道家具和绿化种植的相关要求，并思考如何预判和管理空间使用中可能的冲突、环境恶化等问题，考虑如何满足不同行人，甚至是流浪汉对公共空间的不同需求（休息区、饮水点、社区志愿者等）？很多关键性的议题在短短四天的

波尔多的镜池广场
供图：鲁思·莱恩

研讨会期间只能匆匆略过。诸如，预算决策、人员培训、城市管理多方协作（政府部门、用户协会、当地居民、项目服务方等）等重要问题都还来不及展开或进行更深入地讨论。

步行文化与城市友好性

在维也纳这期研讨会的结论中，还涉及另一个重要议题：要让不同群体（各年龄段的居民、游人访客、城市规划师、城里的就业人员、地方代表等）认识到步行友好城市这一新愿景。如何在为机动车交通设计的既有城市环境中（即便是远郊地区仍然如此）创造出"步行文化"的氛围？如何通过年轻人、决策者和城市规划业界的努力"提升步行交通地位"？对于这些问题，我们看到从沟通策略到教育培训已有多种观点。洛桑市在市长办公室设立两

里昂沃土广场（Place des Terreaux），2007 年灯光节（Fête des Lumières）
供图：M.P. 鲁赫，里昂城市规划事务所

位专职人员负责为全城构建校车步行系统，并在两年内，让该步行系统成功地覆盖全城近一半的入学儿童——是一个将实施行动与公众教育相结合的成功案例。该系统的实施是通过儿童与家长的共同参与，有效地向大众推广和普及，进而减少学校及其周边的汽车交通。实践证明，建设步行专用空间不仅能提供新的步行体验，丰富现实情境中的徒步活动，也是获得公众认可的有效途径。同样有效的还有举办节庆活动：如洛桑的"城市花园"节或里昂的城市灯光节，改造城市景观的同时，也"打破了城市居民的习惯"，让部分居民开始放弃汽车出行。用信息技术（特别是数据工具）不断充实空间服务，也是很有前景的新兴途径。它能提供城市定位，充分发挥城市生活中的各种可能性，甚至积极参与都市生活。营造都市氛围（如对城市里声音和光线的控制）同样具有良好的前景，可以在技术员、艺术家和步行者之间构建起共同的话语。

总之，这几期研讨会让人印象深刻的是，欧洲城市对于降低机动车地位的努力正在展现出切实的变化。但是，现阶段而言，更为重要的是让各城市共享现有的经验与知识，并进一步实践、探索，不断提升城市的亲和力。改善城市步行环境会激发出原本没有，却属于城市生活紧密相连的重要特质：殷勤好客（hospitality）。真正的挑战也在于此。这种品质体现在城市的空间品质、服务设施与资源优劣之中，如同城市居民"共同的文化"。换而言之，步行空间和所有文明与技术一样，应该向所有大众开放；无论行人来自何方，请给予宾至如归的感受。

第 11 章

步行：城市性的驱动力

在全球经济、社会和环境发生巨变的背景下，传统交通运输增长方式已显现出局限性，人们开始探索新的交通模式。各种环境污染、超负荷通勤时间和大规模的人造环境（此类问题不胜枚举）已让城市居民疲惫不堪。我们需要反思传统交通策略是否适应新的发展要求，为了构建更包容、更开放的城市空间——新的城市主义——应更综合地考虑流动性的问题，并系统地提出新的交通模式。

这一愿景意味着，步行与自行车等积极的交通方式成为了城市更新项目中的重要组成部分。目前已有个体行为体现出对这一变革的迫切需求。在法国，有 57% 的机动车驾驶者表示，过去数年里已减少在城区里使用小汽车出行；有 11% 的驾驶者甚至完全未使用小汽车，还有 21% 的人表示，与一年前相比，更倾向于步行活动。[1]

我们可以从 6 个方面对这些变化进行评估，每个方面都涉及城市空间项目及其对当前步行的影响。

循序渐进 / 都市性

空间的都市性并不容易把握。最重要的是，都市性并非以城市自身意愿，或上级权威强加而得。城市的物质形态似乎更多地是依靠行人的脚步，日复

---

1 《CHRONOS》杂志 / 特恩斯市场调研公司（TNS Sofres）2010 年 11 月公布的汽车研究报告已证明 巴黎 BVA 机场 / 公交系统研究（Observatoire UTP 2010）的结论。联合了益普索市场调研公司（Ipsos）的欧洛普卡（Europcar）汽车租赁交通与运输调查报告表明，在过渡依赖小汽车交通的西方国家中，10 个欧洲人中有 9 个宣称自己过去偏好驾驶的习惯有所改变，且大约 40% 的欧洲驾驶者今后有望放弃其所拥有的 1 辆车。

一日地重塑空间的层次与轮廓。

　　不管怎么说，越来越多的城市将步行作为打造"宜居城市"（"盎格鲁 –
撒克逊"的话语）的筹码。伦敦提出在 2015 年成为"最适宜步行的城市"，
哥本哈根宣称自己是"生态型大都市"，哥伦比亚首都波哥大的前任市长恩里
克·佩纳罗萨（Enrique Penalosa）（1998—2001）将非机动交通作为构建开放
公共空间、重组都市性形态的基本要素之一。

　　面对多种空间利用的压力，甚至有可能升级为冲突的局势下，街道成为
个体与交通模式不断博弈、协调的场所。其中，步行与其他交通方式在使用
时段的差异是问题的核心。哥本哈根对此进行长期的探索，通过制定规划方
案，实现公共巴士、自行车交通和步行功能在街道空间的协调共处。例如，
在诺雷布罗区川流不息的城市主干道上，通过设置机非分隔带，划分出自行
车道、有轨电车车道，并将局部路段拓宽为港湾式公交停靠站和巴士等候区，
以此缓解巴士乘客、自行车者、行人之间的冲突。

　　在比利时首创《街道使用法规》（Street Use Code）之后，法国于 2006 年
开始了相关法规的制定工作。虽然法规提出的指导原则非常——让不同交通
方式的使用者都能得到尊重，但是，从行人和自行车交通来说——很难与公
路法（Highway Code）相融合。各使用者对应的协会经常抱怨法国的政府和道
路安全部门在这个问题上无所作为。而英国采取的方式是，取消或改造不同
交通方式之间的隔离设施或车道分隔带，充分发挥空间设计与环境氛围营造
的积极作用，让不同道路使用者更关注周边环境，增强交通责任感。

链接场所 / 大都市

　　虽然以往步行仅限于内城，但最近已拓展为我们反思大都市中的一部分。可
是，这算是新的城市步行范围吗？或者换个说法，城市性的问题是否适用于大都
市区的层级？就现有研究来看，答案显然是否定的。时任巴黎副市长皮埃尔·曼
萨特（Pierre Mansat）曾说"大都市区的居民是那种你永远找不到的公民"[1]。

1　出自 2010 年 11 月第 10 届巴黎大都会全体会议（"Paris Métropole：l'exigence d'avancer"）。

哥本哈根的“自行车小店”
供图：卡罗琳·德·弗朗克维尔 / 克罗诺斯

关于什么是大都市目前尚未得出答案。但在大里昂都市区项目中对此已有所考虑和探讨。为完善部门行动，提升“点”状或“线”形开发项目（广场或街道等），大里昂地区要求从区域开发的整体出发，构建一个新的交通与空间结构。“都市纽带”的理念是形成整体的关键，这势必会带来方法上的改变。城市空间规划要综合多方工作，将文化与社会的维度、景观与环境的要素，以及城市氛围等要求纳入其中。为了提升罗纳河上游的自然区域品质，里昂在城市蓝环项目（The Anneau Bleu）中阐述了这类愿景，并在项目中建立起最基本的伙伴关系，确保不同区域的参与者之间有适宜的合作条件。

步行成为大都市区交通系统延伸拓展的主要工具之一，就像是生态系统中的“干细胞[1]”。步行帮助人们在交通模式之间实现换乘，与公共交通系统衔接，成为当中的一项可控变量。所以，在都市区居民看来，步行链接了交通模式、场所、活动——发挥其经济、连贯、可连接的优势。因此，步行开始进入交通运营商的研究视野也就不足为奇了。伦敦地铁运营商（TFL）为促进城市步行实施了“解读伦敦”（Legible London）项目。这看似相互矛盾，其实不然。设想一下，在地铁超负荷运营的时候，实际上在巴黎（城市1区）

1　出自规划与创新设计小组领导人乔治·阿马尔（Georges Amar）。

两站之间步行反而比乘坐地铁快。

针对当前的开发建设，通用汽车公司的一位董事最近宣布："长达一个世纪的时间里，城市任由汽车塑造，而现在，这将被颠覆"[1]。我们正处在理查德·罗杰斯（Richard Rogers）所说的过程转变之际："现在我们认为应该让行人来主导，今天由私人汽车和个体驾驶者占据的空间明天将交给更多的行人和其他交通方式"。另外，盖尔建筑事务所在丹麦实施了一项值得称道的计划。他们对 1990 年代末之后，哥本哈根公共空间中的步行比例系统地进行了统计。扬·盖尔（Jan Gehl）合伙人拉尔斯·吉姆松（Lars Gemzoe）建筑师指出："城市公共空间规划实施进展如此之慢，其原因之一就是我们对城市里步行交通出行和活动信息知之甚少。"为了弥补这个空白，该公司测算并绘制了步行交通流量图，以及反映公共空间"固定活动"变化的图示，并在开发建设项目中向公众提供了令人信服的设计结论："谁是空间的主要使用者？如果他们是人民，那么他们应该有更多的空间"。

所以，好的消息是什么？在不用完全禁止小汽车交通的同时，通过缩减小汽车专用区域面积，我们将换来极其充裕的空间，而这只是对道路车辆加以高效管理的一个手段。美国有 500 万个停车位长期处于空置状态！所以，有这么多空置的停车位，却还有大量停车位无故被占。从财产所有者来算，一辆车还有 95% 的潜力可被利用。我们所要做的就是建立汽车共享机制，或对现有的交通方案进行改进（重新分配自行车与汽车占用的公共空间和时间）。当然，说起来容易做起来难。虽然解决方案已通过了测试，但构建合理的步行交通仍需时日。

近身苦战 / 汽车和机动化模式

交通主导模式塑造着地域、流动性和城市性。这些方面在与用途管理有关的项目中相互影响。2007 年巴黎公交运输公司（RATP 小组）开始研究步行交通，根据直观感受提出了将步行与机动车相结合。公共交通运营者采用

1　出自《巨型城市交通》2010 年 11 月 第二期。

阿姆斯特丹的自行车与建筑物
供图：莉娅·马尔兹洛夫 / 克罗诺斯

的步行方式能较好地适用于小汽车出行，为步行和小汽车之间的对抗提供了一项解决方案。

最近，悉尼西郊的一家超市为了鼓励居民步行购物，停运了有轨电车——提醒人们无车的生活方式也是可行的。交通出行与日常生活相互渗透的方式反映了我们对汽车的依赖程度，凸显出步行在基本的日常活动中被边缘化的程度，也证明了我们意在消除阻碍步行的决心。

然而，想要摆脱对小汽车的依赖并非易事，而要摆脱平常的机动交通出行更是难上加难。现实抵御着实践措施，基础设施对抗着创新，系统启动自我保护以防止变化。组织管理的规范顽固不化地避免任何促进步行的尝试和举措。这并不能阻止我们努力，在一个多世纪以来被机动交通塑造的城市和地区中恢复步行的合法性。汽车主导的发展战略有很多种形式。例如，在考察的项目中，汽车往往隐含在背景中，推动城市外延、整合或收缩。

在第一类案例中，机动车交通被引入地下，如洛桑的弗隆地区。也可以像阿姆斯特丹红色地毯计划那样，将车流转移至新的主干道。弗里堡（Fribourg）生态区则将停车布置在入口，里昂将塞纳河河畔的停车迁移至专门设计的地下停车场。这些保留小汽车的案例都将地面留给了步行。

我们还观察到特意让人车共处的做法。比如，划定限速30公里 / 小时的城市街区，规定汽车通行的条件，从而实现多种交通方式并存（机动化与非机动化）——2010 年末，巴黎大约有 60 个这样的街区。此外，还有维也纳玛利亚·希尔夫商业区、伦敦大都市区"共享空间"试点等其他案例。这些做法都是为了扩大步行范围，避免受到机动交通的影响。

还有些做法是削减分配给汽车的空间资源。哥本哈根以宜居城市自居，自行车出行在日常通勤中占有相当大的比例，计划在 2010—2015 年增长至步行交通量的 20%。自行车与步行空间拓展对应着机动车空间的缩减。但这也会遭遇抵抗：位于首都中心广场的一处地铁站建设，就被市政当局延期了数年，因为该项目实施会暂时封闭邻近一条非常繁忙的街道。巴黎计划强调以场地开发建设为导向，类似于右岸地区更新改造和共和国广场地下工程这类项目，加快推进减排进程。

既有实践案例都没有完全取消城市里的小汽车交通，不管是采用了缩减、规范还是取代等方法。但步行是我们尝试并实现平衡的重要砝码。那些彻底依赖机动车交通的城市更是无法摆脱小汽车出行。除了规划城市道路，显然还需要其他解决方案。大多数城市侧重于避免使用小汽车，而这种做法可能也不够有效。东京的一些房地产开发项目在建筑内部设置汽车共享服务，以取代停车场建设。这种方式还有很多其他优势：减少汽车的数量和对汽车出行的依赖，拉近人与人之间的距离，降低房地产成本。需要记住两点：一方面，鼓励步行并不仅限于步行空间；另一方面，这不只事关城市学者、公共空间专家和政治家，更属于每一个人。

一寸一寸推进／城市景象

如果我们简略回顾一下步行回归城市中心的研究之路，会发现已有一系列的工作成果与实践清晰地显示出我们的步行发展计划得到了落实。我们会同时追问："是什么孕育了这种城市景象？"倡导步行始于保护自然资源的要求。推动步行发展之时，如何避免通常在强制性禁令下的胁迫或罪责感，以及新型误导和削弱行动等情况？我们如何表述才能说明气候环境不是一个问题，而应视为一个发展机会？步行也许就是这些问题的答案。实际上，步行里包括了生活品质、社会交往、回归对时间的关注等价值观。城市开发的技

摄影作品"骑上自行车，哥本哈根"
供图：卡罗琳·德·弗朗克维尔 / 克罗诺斯

摄影作品"休息活动"
供图：卡罗琳·德·弗朗克维尔 / 克罗诺斯

术专家、景观建筑师、城市规划者和政治家试图在探寻宜居城市建设的过程中找到解决方案，并形成支持步行发展的话语体系。新步行区取得的巨大成功已表明其公共需求（如，伦敦南岸、阿姆斯特丹红地毯地区、波尔多加伦河河畔 4.5 平方公里的"水之镜"与"光之花园"、纽约时代广场周边 4 个夏季步行街区）。但是，这些城市的表现总让人隐隐地觉得遗漏了些什么。伟大的成就可以让我们安心，但无法修复日常生活。我们必须对步行与城市景象

摄影作品"双轮上的 2+1"
供图：卡罗琳·德·弗朗克维尔 / 克罗诺斯

进行整合。转回说到日常生活中的步行（也就是让步行完全融入交通系统），从儒勒·凡尔纳时代起，我们几代人对速度与距离的现代观念在此受到了质疑。我们选择步行并非是想要时间回退到过去，而是重新思考现有的生活方式：日常活动的节奏和地点（或失序）。

在此背景下，随着道路系统的连贯与拓展，步行不能回避数字世界带来的新问题，个体被置于新的时空关系（实时性、即时性与滞后性），远近之间的界限变得模糊。有的项目希望借此进一步丰富步行体验。例如，瑞士艺术家乌尔里希·费舍尔（Ulrich Fishcher）的作品《边走边拍》（*Walking the Edit*），要求参加者携带手机在不同空间里漫步穿行，利用手机记录途中各个空间里的声音。步行感受在孩童嬉笑、声音摘录、采访记录中被放大和强化。当参加者结束其步行后，可以在电脑上观看与采集到的音频所对应的电影。

除了这种文化类的实验，"蜂群"（swarm）的隐喻也被用来描述公民相互联系所拥有的机会。蜂群集聚，随后飞散各处，所过之处仅留有余象，就像"快闪"族理论所述——霍华德·莱恩戈德（Howard Rheingold）于 2004 年提出的理论。人们通过智能化的远程网络集结和移动，在某个特定的时间和地点聚集，并在显化之后快速消散。这种现象极为有趣但意味深长。"蜂群"的群体活动由社交网络及其所用的邮件、网站、推特等软件工具所支撑。活动通常迅速、灵活，只要是一个可步行的空间，就能发挥出该场地的所有潜力。舞蹈编排所用可以移动设备现在无所不在。活动的关键是确定地理定位。我们可以利用 GPS 地理信息准确地实时或延时查找某个目标或个人。

　　数字世界为城市构建适宜步行的当代意象提供了新的机遇。这是一个什么样的城市图景？一个宜居的城市，尽管在法语中听上去有点像青年旅社，但还是很有吸引力。对速度的追捧在过去 150 年间主导了我们的文化，也破坏了汇聚着各式各样步调的城市景象。从这个角度来说，发展城市步行不仅仅只关乎放缓速度。对于饱受交通拥堵和停车受限等问题的城市，步行交通在某些情景中反而是更为快捷的方式。城市居民在计划出行时，可以按自己的喜好和要求在一系列交通方式中进行选择。即，他们是自己行程的战略指定者。而且，移动便携装备可以帮助人们形成出行导航地图，提供地点 GPS定位、实时交通信息等服务。

　　英语单词"empowerment"恰当地表达出个人享有为自己制定出行计划的权利。这也为个人参与城市基础设施和资源的管理提供了一个切入点。麻省理工学院可感知城市实验室创始人兼主管卡罗·拉蒂教授（Carlo Ratti）将城市居民称为城市的"执行人"（actuators）。道路设施没法在短期内翻倍地建成，无法即时解决交通拥堵问题，但是个体实时分享的交通信息能帮助人们

夏天机动车禁行的时代广场
供图：马尔斯·米塔尼斯（Marcus Mitanis）

在现有条件下作出选择。如果出现拥堵的情况，人们可以选择乘坐公共交通、步行一段距离或选用自行车的方式。除了赋予个体权利带来的"良性循环"，我们可以进一步推断，如果发挥个人在管理城市资源中的积极作用，可持续发展政策将更具吸引力。

社会网络带来活跃的对话和交流，这种社会互动的基本形式也会进一步丰富城市景象。我们知道社会网络作为社交活动和城市性的基础性影响，借助米歇尔·德·塞托形容街道和行人的话："反抗之地和永不停止地改造。"这能否对政策失败的案例有所启发？确定城市步行应该应扮演什么类型的角色？

会面交谈 / 步行友好度

社交网络对在步行这个议题上的影响带给我们惊喜，或者更为准确地说：步行友好度（walkability[1]，一个美国新词）。换句话说，个体用步行的方式构建出自己的领地——他们的日常生活、社会资源和朋友。步行指数网站（the Walkscore website）用图示识别出城市各地区的差异，让政府开展调查研究更有针对性。图示的第一层级展示了所有可步行路线、障碍点和设施等传统信息和相关社会数据。第二层级（交通评价）为用户提供步行与其他交通模式换乘的可达性。基础信息以步行数据来反映居住环境：即，在给定的时间范围内（例如从住所出发步行 10 分钟），步行可达范围内分布的日常生活服务设施的数量（商店、影剧院、学校等）。这种以用户自发的群体活动为基础的方式也得城市政府的推崇。

城市居民不需要地图指引就能与或远或近的街坊邻居进行面对面的交谈。这些背景信息证明了用户是如何进入公共话题，并且最为重要的是拥有建设宜居城市计划的能力。这个过程逐渐发展出可以引导步行发展和建设的指标体系（"评分系统"）。邀请步行者参与街道的治理——管理他们自己生活的区

---

1 Walkability 包含两层意思：①设施大的便利性（例如有路边人行道 / 自行车道）；②距离的便捷性，比如距离公共设施、商业街道、教堂、车站等等的距离（不能太远，距离越远，walkability and bikeability 的分数就越低）。

丹麦阿姆斯特丹市的红地毯地区

域，并且连同其他群体：令人惊讶的是，现在房地产商将 WALKSCORE 指标
作为产品的一个卖点（"意指该公寓拥有适宜的步行尺度"），如同曾经用邻近
地铁站点暗示便利的交通区位。社区可达性塑造了生活环境的特质。步行是
事实上的，也是用户评价中的重要内容。值得我们注意的一点是，这正是数
字化城市带来了这些指标，并由此产生活动的数据及其相关信息。与奥雅纳
公司（ARUP）有着合作关系的城市规划师丹·希尔（Dan Hill）深谙数据交
互技术。他在 2008 年的一篇关于数字城市的开创性文章中指出：

　　"街道给人的感受可能很快就会被那些肉眼看不见的事物所定义……我们
无法看到街道是如何沉浸在抽搐、脉冲的数据云中。这超出长久以来电磁的
辐射、静电噼啪作响的摩擦、无线电波传送的广播电视等固有方式……这是
一种新型的数据，有群体的也有个人的、有综合的也有分项的、有开放的也
有封闭式的，极为细微和详细的行为数据不断被记录和更新。……信息系统
给我们街道的运行、使用、体验等方式带来深刻的变革，对既有的规划实践
和语境提出巨大的挑战。规划设计和实践对这种街道生活，这些迅速增长的
人类活动数据洪流进行多大程度的重视和调查？"

　　我想继续追问：步行和行人将如何适应这个运行中的行为信息系统？未

2010 年巴黎波尔多地区的某次快闪活动
供图：马克·布洛克（Mark Bullock）

被黏住的 Vélib 租赁自行车
供图：莉娅·马尔兹洛夫 / 克罗诺斯（Léa Marzlott/Chronos）

来又将产生什么样的数据？我们该如何以及为何要追踪这些数据？[1]

　　我们可以借助指标来找到些问题的答案。所以，我们不是对行为进行评估，而是需要创建其他的指标体系用于衡量交通模式对个人和公共的影响。丹麦科威工程咨询公司（Cowi）对此已有探索。他们的研究表明，汽车出行

---

1 已有许多类型的程序开发无加密公共数据。Chronos 自 2011 年 1 月在自行车友好城市和地区协会，以及五个法国主要城市的资助下，开始研究步行者与自行车骑行者的城市空间利用数据。

"自行车搬运工"
供图：莉娅·马尔兹洛夫 / 克罗诺斯

需要花费 0.66 丹麦克朗 / 公里，而骑自行车则有 1.33 克朗/公里的收益[1]。该指标是以综合考虑每项交通模式产生的外部效益（积极的或消极的）为基础。这用另一种方式反映出小汽车或者自行车对社区造成的不同影响。当中还考虑了与投资和运营相关的费用，以及污染、健康、时耗、福利等等影响。该研究得到丹麦交通部大力支持，展示了积极交通模式（Active Mobility）的高投资成本，以及在公共领域（生态、经济和社会）不同投资决策带来的社会影响。我们可以依据这个指标，将个人费用从集体成本中剥离出来，将健康医疗费用从城市成本中区分出来。

这表达了一种系统性的推论，应用于步行系统时必须考虑多种参数：有益公共健康和安全的、有助于发展城市性的、适用于基础设施系统管理的等。在具体项目实施中，这种综合性地考量是说服利益相关者的必要工具，或者至少是为我们提供了对话沟通的具体内容。

门到门出行 / 网络

"大都市"形态的城市交通有多种层级，有意思的是，游荡不定的城市性体现在如居住区、娱乐区、工作区甚至是交通设施等这些个体的"日常孤岛"之中。与之相反，本地购物在城市的发展已清晰地表明，人们普遍倾向邻近的短距离出行，而且这种趋势还在不断加强。这种邻近性偏好的持续活动至少带来两个悖论：一是，日常生活受到邻近与距离之间持续的相互影响；

1 《自行车交通项目的经济评估——方法论与单价》，哥本哈根市，2009 年 11 月。

二是，城市居民出行由现实空间与云空间（cloud computing）[1] 共同引导。那么，在距离的远与近、空间的实体与虚拟所产生的统一矛盾中，步行又扮演着怎样的角色呢？

"分离 / 相聚"因电话的发明而成为可能，又由互联网的应用而得到巩固和完善。无论距离远近、同步或延时、实时与全局、已知和未知都能迅速地连接在一起。电子屏幕标记出城市步行者的足迹，并开启更多无限可能。与网络关联的移动通信设备是人们实现信息交互、地理定位、信息储存、权利操控等的工具。现在所有体验，包括感知城市性的方式，都已电子化。社交网络很好地证明了这点。人们只要接入计算机互联网，即便相隔甚远也能保持密切联系。这种频繁的交互可以让我们对城市进行编辑，并确保具有广泛的联系范围。

个人移动设备轻便且高效。随着移动电话的普及（人手一台）人们可以自由决定设备开启或关闭。不断完善和丰富的应用服务可以让我们通过手机把钱和票务信息转至城市实体空间中的相应设备（NFC，二维码等）。这种端到端的技术有助于行人在手机或其他设备上完成财务转账、查询票务信息，与实体空间的其他设备进行交互等工作。这些端到端的技术可以让日常活动变得顺畅，实现无缝对接。虽然实践范围和深度还有长的路要走，但前进的方向已基本明确。

通信网络与其他社会网络相连，正如前文所述，我们要确保网络空间与实体空间，包括：休息场所、停靠站点、接驳点等，交织在一起的新空间（另一类步行情景）。步行在其中发挥着链接的作用。此外，除了通信网络、社交网络之外，步行主导下的新中心将会出现什么样的高等级网络？

让我们先看看两个以提升步行可达性为基本原则的城市项目。一是哥本哈根推崇的"绿色与蓝色之城"项目。该项目于 2009 年提出，至 2015 年，城市里 90% 的居民步行 15 分钟可以到达公园、沙滩或滨海空间。另一个是纽约市制定的"PlaNYC"公园建设计划。该计划宣称，至 2030 年，每个纽约人步行 10 分钟即可到达一处公园。这两个项目现在均侧重游憩娱乐空间。我

---

1 "云计算"（cloud computing）是信息存储、远距离交互和处理数据的新方式。

们可以想象得到，同样的原则运用在其他日常公共设施和服务中的效果，以及对步行的推动作用。我们是否将步行限定在了"软模式"的贫民区，而其可以发挥强有力的"活化"作用？我们在一个大都市区形成一般性的资源获取方式，在另一个城市采用同样的计划是否是明智之举？步行成为日常生活混杂体中的一个调节器。是逃离日常生活的燃料，也是各式功能区的纽带。破碎的城市和社会空间通过步行重新成为一个整体。

　　以上这些主张是在大幅削减机动车出行的历史背景下提出来的。步行本身则没有类似的约束，而且还有助于提升大都市区的价值。不仅将交通出行从强制性转变为可选择性，在对城市同心放射状道路系统进行重组的同时，不破坏社区和邻里的延续性。宜居城市的异托邦将有望成为步行者和城市漫步者的家园。

第 12 章

公共空间：步行引导下的蜕变

> "这对男女只是单纯地在走路。我从未见过有人如此这般行走。显然，每个人都有权利按自己喜欢的方式走路，每个行人都从属于他自己。但是，我发誓，当这两个人经过，这成了大家的事"。
>
> ——雷昂·沃斯（Léon Werth）

步行加以整合是欧洲城市寻找公共空间新平衡点的关键之一。项目以行人为中心对城市规划的工作方式带来极大的改变。开发建设现在必须把多种功能混合、包容不同用户、允许各交通模式并存、改变城市氛围，以及保持灵活性以适应多重目标和活动等一系列要求，予以明确且变得易于实施，在有限的空间条件下保证通行和停留。这需要专业的经验和技能实现该地区的物质实体与地域精神相互协调。

伴随新的公共空间设计方法，步行在欧洲城市卷土重来。这种方法看似对基础的交通方式重新燃起兴趣，但实际上高度复杂，当中涉及多种交通交互，以及与街道功能协调等难题。行人优先的原则让我们有了对待公共空间的新方法，在城市更新中将步行作为公共空间规划与交通的政策载体。这就跳出了在公共空间寻找平衡的局限，立足于不同交通方式的空间公平、速度放缓、多种交通方式并存，或是在由汽车统治 50 年后建设一个步行友好的城市。以上这些将步行与公共空间结合的规划新理念也是一种新方法。这实际上是因机动交通功能超载而导致行人和公共空间碎片化和边缘化之后的一种"新政"（New Deal）。正如辛西娅·古拉·戈宾（Cynthia Ghorra-Gobin）所指出的那样："步行者 / 公共空间一体化有助于在可持续发展的范围内书写我们城市的未来"。充分考虑城市历史遗迹与当地文脉的城市发展战略与开发项目多种多样，但他们有一个共同关注的目标：让城市发展可持续、更宜居、具有吸引力。

从关注行人的角度来说，我们必须承认传统的景象和思维模式困扰了城市生活空间和交通空间的设计、成效、服务和组织。而步行有着巨大的潜力。

步行可以破除障碍

行走需要渗透性、流畅性和透明感，也需要给行人信心："我能知道行程不用绕远道"，等等。步行通过公共空间创造出地方与国家的链接关系。因为这要求规划师从不同尺度和层级中——不仅是地方性区域，考察人们在某地停留和通行的时间关系。这远不是一种对社区精神的偶尔追思和吟诵，有时人们会怀念步行为地方居民或弱势群体带来的自发性"防御"。恰恰相反，步行关乎创造新的可能性。正如洛桑联邦理工学院（Ecole Polytechenique Federale De Lausanne）的雅克·莱维（Jacques Levy）[1] 曾清晰地描述：汽车实现了空间的私有化，而行人尺度（步行和公共交通）创造了公共空间，包括

哥本哈根市中心的步行区
"以人为本的大都市"蒂娜·哈登（Tina Harden）

1　瑞士的地理学家和城市规划专家。——译者注

交通系统中的空间。

步行打破了空间（私人／公共）、职业（横向协作）和公众群体（团结）之间的障碍。"步行／公共空间"一体化突显出横向协作的必要性，也引发人们重新思考公共空间功能和城市发展战略。由此，巴黎将分属不同部门的相关机构整合在一起，形成享有相同文化理念的，统揽公共空间的部门；同样，洛桑的城市公共空间办公室以周例会的形式组织城市规划、道路与步行街、建筑、交通和公共学校等部门共同探讨和评议时下的项目。

步行环境既要连续流畅，也要安全透明。阿姆斯特丹威斯普尔广场地铁站的透明出入口和维也纳的地铁站都是此类典范。类似的还有巴黎的马雷乔有轨电车车站以及我们在不少城市能见到的新一代巴士候车亭。这些候车点、休息区或停靠站都没有处于地下交通网络的出入口，或是位于临时下客区，而是保护行人的同时保持步行通畅。再如，洛桑的弗伦广场，设计将公共卫生间置于广场步道的正中间，并采用了一种特殊的透明材料，当卫生间处于使用状态时会从转变成不透明的状态。这样一来，卫生间的便器成为一种艺术品，并得到很好的维护。

将行人纳入考虑的范畴（如果切实地予以重视）会影响我们对各空间、街道与车站（如上文案例）、地下与地面等关系的思考方式。例如，洛桑在M2地铁站修建的屋顶花园和散步道，形成联通城市与滨河区的长廊；巴黎将改造后的中央市场置于欧洲最大换乘枢纽车站的上方。同样，步行空间在像洛桑这类山地城市曾不足一半的比例，其解决办法包括在山谷的新社区（如弗伦社区）、几座桥梁和最近的地铁项目正好都采用了便于步行可达的方式。洛桑城市公共空间部门负责人马科·里贝罗称之为"城市的直升梯／助推器"。步行也会促进街道与其所处环境的融合：建筑和商业的底层与道路系统直接相接，形成了人性尺度的城市性。另外，我们也不要忘了像停车场这样的消极空间，它们也是城市步行系统建设的切入点。

多功能的公共空间

除去那些没有耀眼光芒的场所，还存在一种风险，即外缘地区的公共空

洛桑市弗伦区的公厕
供图：马可·F·阿马多·里贝罗（Marco F.Amado Ribeiro）

间设计和品质很可能与市中心有所不同。在一些大都市区，许多位于远郊的商店和服务设施闲置已久，这与市中心有着天壤之别的差距。在这些远郊社区能否重现传统街道？当一个街道变得没有那么吸引人，它是否会自动回归到"功能性"的空间？我们能否在市中心之外的交通区，包括停车场（汽车与自行车）在内，找到建设公共空间和重塑文明行为的最佳时机？

　　这些区域所处的境况比内城更糟糕。我们首先要解决的是公路网对其造成的分割。在缺乏连续性与可达性的孤岛面临的不是在这或在那营造欢乐或平静的问题。维也纳在城市更新和新社区建设中，特别重视其周边地区要有良好的管理，强调环城大道以外分散的集中建设区应提高开发密度，以此构成人口聚集和扩张政策的组成部分。创造共享的空间依然是这些项目实施运营的工作核心。

　　在城市规划中引入行人优先的理念似乎很新鲜，但这是在网络化城市主义尤其是小汽车交通盛行之前的常见之举。洛桑实施的变革已见成效。直到1995 年，开发计划都是围绕路网设计展开工作，但步行成为自此之后的重点；维也纳为步行、自行车和公共交通设定了雄心勃勃的发展目标，且表明汽车出行比例已有所下降。目前，维也纳的汽车出行比例已明显低于奥地利其他城市。这对于决策者和规划师而言，是促进城市公平的有力论据。维也纳在2003 年的用地规划中开始关注步行需求，并在 2008 年进一步强化。维也纳在公众参与环节考虑了性别平等的问题，以及特定人群的具体需求（尤其是弱势群体）。这都会强化以行人为中心的设计视角，从而改变我们的规划手段和方法。

实际上，步行者会对所经过的空间进行配置，不仅是适应所处的环境，还是生产空间的一种手段。布鲁诺·古耶特（Bruno Gouyette）曾指出，"公共空间是综合了交通、社区生活、环境氛围和功能等多个要素的整体。"步行不仅是前往某地——去一个目的地或与其他交通方式换乘，步行更是有着多感官的时空体验。具有多向属性是步行的一个基本特征。据此，巴黎公交运输公司（RATP）始终以三大主题

巴黎地铁的互动终端

为战略性计划的基础：步行作为一种交通方式，步行带来身体和感官上的体验，步行成为城市中的交流媒介。

让－鲁普·古尔东（Jean-Loup Gourdon）曾指出："研究街道需要同时兼顾流动性与固定性这对相互冲突却又并存的要素。建成环境（建筑物）限定了流动的空间，流动也在创造建成环境，不仅会涌现出大量各式各样的功能，也是打破以往均衡的原因。"营造面向所有城市使用群体的公共空间意味着必须对该地区即刻降低速度——形成宁静的通行环境，为多种交通方式共存提供条件。同时，还需要考虑街道不同功能的具体特质和使用人群的特殊需求。

使用功能是关键问题。对步行进行整合有助于恢复城市道路各功能之间的平衡。可步行指数（包含可达性）对空间设计和交通供给具有决定性的影响。例如，在巴黎元帅大道有轨电车专用线及其至巴黎东部终点站的延长线规划，步行交通一直是场所设计、交通换乘和与接驳设计中一个非常重要的内容。设计新的车站需要详细分析环境与用户行为之间的关系，并提出创新性的解决方案，不能仅仅停留在传统的共享公共空间模式。必须要考虑到多次换乘的出行者，因时间紧迫，行走匆忙，很可能增加交通事故的风险。而感官体验到的环境能很好地缓解人们出行中的压力。

　　巴黎的绕城地铁计划除了是一个大型的综合项目，同时还必须按行人尺度修建。正是这点有助于融入城市环境、创造新的中心，通过步行线路的精细化拼接，确保城市步行网络的连续性，并鼓励新的交通形式和出行习惯。一般而言，地铁、有轨电车和公共汽车都需要一个温馨舒适的步行环境。

简单、清晰和安全

　　参加研讨会的七座城市一致认为，适应空间新用途、交通可持续的公共空间开发建设并不只有一个答案，而是有若干解决方案。

　　空间共享和多种交通并存会营造出新的城市氛围。然而，像巴黎共和国广场这样的改造项目，看似在设计上对空间进行了简化，实际上是极为复杂的过程。这个城市的标志性广场每天交通拥挤，游客众多。这样的情况下，我们是否应该保留街道上的标识，例如不同高度的路缘石、步行过街标志等，引导人们通行或驻足以保持警惕？路面分隔带和某些"障碍物"同样也有保护作用，特别是对那些戴着耳机或者使用手机的步行者，提醒他们同行时注意安全。当我们为我们的城市建设新型公共空间努力作出改变之时，从城市氛围考虑交通安全和城市设计品质无疑更具有难度。[1] 相对而言，在伦敦南部局促又忙碌的沃尔沃斯路，受挫的点状开发经验也提醒我们，开发建设中应在管控"严苛"的路段与空间宁静（一个合理尺度）的地区形成良好的过渡区域。但是，皇后大街的案例又展示了一个共享空间如何成功地实现了提升品质，并确保行人和其他用户安全等目标。

　　共享模式意味着共享空间功能。巴黎共和国广场改造项目就完美地诠释了这点。2010 年设计竞赛的获胜方，来自 TVK（Trevelo & Viger-Kohler）事务所的建筑师皮埃尔·阿兰·特雷维洛（Pierre Alain Trévelo）强调，设计并没有在技术上提出革命性的解决方案，有的只是城市规划师在思考和处理空间的方式方法上的巨大转变。在功能布局之前，优先考虑用户需求和偏好，

1　详见《城市公共交通中的行人安全：规划导则与环境氛围研究》（*Sécurité des piétons dans un espace public de transport：une affaire d'aménagement et d'ambiance*），公共交通安全基金会，巴黎 RATP 设计小组与 6T 研究咨询公司 编制，2010 年。

伦敦肯辛顿大街街景
供图：伊恩·詹姆斯·丹尼斯（Ian James Dennis）

这实际上就已是一场革命。同样具有革命性的还有空间优化的新目标：70%
的空间分配给步行和自行车，剩下 30% 留给汽车。

清除干扰

人们不得不承认，大众对空间的使用方式比技术专家们提供的解决方案
更领先。比如，在过去 30 年中，工人的午餐休息时间已经从平均 1.5 小时减
少到 35 分钟。即，人们现在选择吃午餐的地点大多是可以购买到食物的公共
场所。这种变化引发了一系列问题：地面铺设、街道家具、清理保洁、耐久
性等。其中的一项难点在于如何兼顾多种因素（可达、清晰、美学等），在保
留设施和服务的同时，让公共空间整洁有序。与此同时，我们仍然必须为盲
人和弱视人群保留导视标识，并保持规整后的新空间不被停车和汽车侵入所
破坏。这涉及非常多的项目规范！

控制小汽车出行，鼓励自行车、步行和公交意味着需要重新分配道路
空间，关注弱势人群的特殊需求。相应而来的是为骑行者提供自行车停放服
务——如同汽车停车场与小汽车不可分离。然而，自行车停放如果设计不当

或未给予适当的关注，也会对行人造成严重的干扰。停车位是所有与公共空间相关项目的设计出发点之一，从其定义上来看，它是有限的、可共享的、管控要求极为严格的用于车辆停放的空间。整合所有出行模式和运输系统肯定存在利益冲突，我们需要对这些冲突进行调解和管理，或者把这些冲突作为限制条件加以利用。例如伦敦肯辛顿大街的自行车停放就是一种极为巧妙的方式，不仅实现交通分隔（宁静化），也没有干扰人行道。维也纳大学希比拉·泽赫（Sybilla Zech）教授曾指出："这种技术技能向社会技能的转换，在涉及公共空间消磨时间的社交活动中尤为突出。"对此，她还提醒我们，维也纳城市议会和维也纳大学汇集了更广泛学科（人文、设计等）的参与，并展开了大量的讨论，以应对社会的变迁，以及用户多样化的，有时甚至是竞争性的需求。城市发展战略与项目细节的表述之间存在一种持续的"推"与"拉"的关系。希比拉·泽赫教授对此的解释是："这表明城市服务部门总是能从城市中学到更多，既有城市层面，也有城市居民。"

自行车停放可能造成"自行车污染"，哥本哈根的市政工作人员会在交通极为繁忙的地区进行直行车"整理"工作。

一般来说，无论是行人、骑行者或公交乘客都会大量使用到公共设施。这是否不可避免地成为公共空间的保护措施，或是一种障碍物与负担，又或是对步行者（最脆弱的人群）和行动不便者的危害？除了经常讨论的无障碍问题，我们对空间的舒适性和安全问题总是欠缺考虑。空间缺乏舒适感有多种形式：海量的信息、噪声、垃圾、糟糕的照明。行人往往找不到可以停留或稍作休息的地方，空间设计完全遗漏了人的情感维度。

遍地安置的机非分隔短柱是为了禁止汽车进入其他交通模式优先的保护范围。这看上去是一种特别法国式的做法。但是，在我们寻找新的空间平衡方式时，这种安全短柱的方式是否只能当作一种临时性的手段？管理公共空间可以采取更具创新性和更注重实效性的方式。并且还能恢复城市各群体团结友好，为实现更好的发展目标创造条件。城市举办各类"节庆"活动、空间设计竞赛等重大事件，远比用围栏和短柱这种简单粗暴划定安全隔离范围的方式，更能满足公共空间利用的多元需求。

接下来同样重要的问题是，公共空间如何演化、调适和设计。正如皮埃尔·阿兰·特雷维洛所言，巴黎共和国广场已有 137 年未被干预过，现在对其改造必须保留场所的历史感，保留纯粹的、中性的，且具有巴黎独特审美的痕迹，创造出城市与其他公共空间的联系。

合理的规模

行人的尺度非常复杂且精细，自行车交通也是如此。这点与在街道重新发现的非交通性功能有相关。街道除了交通和运输，穿梭的行人在其中逐渐产生了公共空间，就像"出行气泡"[1] 在各生活区之间移动，记载和沟通着现实及非物质空间。

但是，柔性交通模式不能仅限定在城市中心或居住社区尺度。城市规划工具必须有助于我们建设那些整合了不同层次和空间类型的共享型项目。我们通常用基础设施将这些项目联系起来，并根据空间类型和尺度的大小、形态、景观特点，要么紧密相接要么相互分离，产生新的空间。另一方面，项目设计和交通设施建设往往会在项目后期纳入柔性交通模式。流动性连接着不同尺度的时空。交通场所作为换乘节点不只是将运输模式相互连接，还给相冲突的尺度一定的缓冲余地，在整合了通行、可达性、换乘等综合功能的基础上，为重新塑造友好的空间和城市性创造条件。洛桑 M2 车站改造设计很好地证明了得到社区（特别是改造范围内的）和相关居民协作的必要性，不仅可以用见面沟通和调停矛盾的会议咨询方式，还可以融入前期设计竞赛或开展相关主题活动。

公众咨询

洛桑弗伦社区改造采用了与公众协商的方式，在编制局部地区的用地规划草案时，以保护邻里文化特征为主题，让居民共同参与和决策。这当中涉及以更加灵活的设施和服务应对城市节奏、昼夜时间、开发新用途与新交通

---

1 Marc Armengaud in TEXIER，S（dir），*voies publiques*，*histoires et pratiques de l'espace public à paris*，Paris，Pavillon de l'Arsenal，2006.

行人斑马线
供图：迈克·韦格纳（Mike Wegner）

模式（自行车、地面公交等）。一种过渡性的方法有时会将交通模式稍作分隔，以便在城市空间形成锚固（例如，巴士走廊和自行车道），或者是推动其进一步发展。比如，哥本哈根的目标是将自行车在城市里的出行比例从 30% 提升至 50%，在 2015 年建设自行车高速公路。这些创建"分区"的解决之道无法令人满意，还会阻碍其他功能的使用。但是否可以作为过渡设施加以利用？洛桑用一个有趣的词形容这种方式的前景：城市变形记。也许这个词适用于描述所有与公共空间相关的项目，还能有助于启动程序，甚至是影响项目走向，唤起每个人都必须享有参与的权利意识：项目设计师、城市规划师、当地居民、商店店主、妇女、游客、职员、儿童、退休人员等。

街道使用导则

2004 年，法国效仿比利时，开始将《公路法》（Code De La Route）更名为《街道使用导则》(Code De La Rue)。我们不得不等待更久，或期待更多的规则调整，制定出符合我们的生活方式和适应当前交通模式演变的规则，并能设定合理目标，实现交通与空间的平衡。有意思的是，《街道使用导则》在研讨会期间很少被提及。然而，这是一个挑战，也是当地创新的源泉。法国的城市选择以地方性措施作为实施的着力点，并采用《街道使用导则》的称谓。这个命名很容易引起人们的误解。但是，这并不是用地方性措施代替国家规范，而是通过名称的修改引发一场关于规则、功能、换乘等系列议题的辩论。辩论对给雷恩、波尔多和斯特拉布拉奇等建设项目带来令人欣喜的影响。实际上，我们利用公共空间的方式并不是导则内容的叠加。

由于新建公共交通枢纽或基础设施争论是分享空间资源，重新平衡空间功能的绝佳机会，因此，交通模式在城市的区位和各交通模式并存的场所成为人们争论的焦点。最为根本的是，要从当前的讨论中，考虑技术上和政治上等多方面的影响，进而提炼出一套良好"行为"与优秀案例的新法则。瑞士语中的"碰头点"(Zones De Rencontre)是指供行人、驾驶者、出租车、巴士和轨道电车共享的空间，体现了不同功能（经济、交通和当地生活）和谐共处是一个具有高度现实意义的目标。

改变指标还意味着评价模型的性能和功效，以及测量与评估机制的调整。2015 年，哥本哈根在城市发展政策的条文颠覆了传统的表述和以往决策的前提假设。因此，哥本哈根市政府强调这样一个事实，通过换算，小汽车交通会增加社区 0.69 克朗 / 公里的成本，而骑行者则会让社区获得 1.2 克朗 / 公里的收益。在 1995—2006 年之间，里昂城市小汽车交通量下降了 6%，有效地支撑了发展其他城市交通模式的政策（步行在城市的出行比例已占 41%，在都市聚集区内占 33%）。维也纳在城市战略性规划中纳入性别问题，有效地推进思想理念的统一和项目实施进程。由此，长期被规划所忽视的行人成为这轮用地规划关注的对象。维也纳大学作为维也纳城市相关研究和项目设计的参与者，阐述了组织群众的基本技巧，表明让具备专业技能和知识的人群参与项目过程，可以洞察到对城市功能和时下的转变。

对日常生活的观察是无穷无尽地天马行空般畅想城市的灵感源泉。但是将这些畅想付诸实践往往很棘手。考虑特定人群的需求可能会对其他使用者带来限制。我们必须积极鼓励关于规划工具与项目、设计指南和评估等信息的自由流动。维也纳强调，了解技术选择的社会影响是多么重要的一件事。看似显而易见的事，实际上需要所有公共部门共同为之努力，共同分享因社会科学发展而不断丰富的城市文化——如维也纳的性别专题研究发挥的决定性作用。

很显然，合同缔约清晰，政府授权明确是项目获得成功的关键要素之一，这些项目可以充分利用各部门的政策条件。维也纳市强调，正在建造的住房单元有85%获得了政府补贴（社会性住房），这代表着对公共空间协作干预具有巨大潜力。

总而言之，无论是推行新项目还是进行再开发，我们都必须把采用的措施、建议和规划理念，用城市开发相关的专业通用语言转化为技术知识库。公共空间开发建设是一项需要诸多管理技巧的实务。

日本涩谷区二号十字路口
供图：坦尼娅·奈特（Tanya Knight）

参考文献

« An international review of liveable street thinking and practice » (special issue), *Urban design International*, Volume 13, Number 2 , Summer 2008.

« Arrêt du projet de Plan de Déplacements de Paris, Pour un droit à la mobilité durable pour tous », Ville de Paris, Direction de la voirie et des déplacements, février 2007.

« Marcher » (dossier spécial), *Urbanisme*, n° 359, mars-avril 2008.

« Villes en développement », *Mobilité et développement urbain*, n° 78, décembre 2007.

« Nouvelles mobilités et usages de l'automobile », Rapport d'étape du CAS, novembre 2009.

AMAR, G., *Mobilités urbaines, éloge de la diversité et devoir d'invention*, La Tour d'Aigues, Éditions de l'Aube, 2004.

ASCHER, F., *Ces événements nous dépassent, feignons d'en être les organisateurs, Essai sur la société contemporaine*, La Tour d'Aigues, Éditions de l'Aube, 2000.

ASCHER, F., *Les nouveaux principes de l'urbanisme*, La Tour d'Aigues, Éditions de l'Aube, 2001.

ASCHER, F., Apel-Muller, M., *La rue est à nous*, Vauvert, Au diable vauvert, 2007.

ASCHER, F., *L'âge des métapoles*, La Tour d'Aigues, Éditions de l'Aube, 2009, p.121.

BECK, U., 1997, *Was ist Globalisierung ? Irrtümer des Globalismus, Antworten auf die Globalisierung*, Francfort, Suhrkamp, 1997.

BENJAMIN, W., « Le flâneur », in *Paris, capitale du XIXᵉ siècle, Le Livre des passages* [1939], Paris, Éditions du Cerf, 2002.

BEROUD, B., Van der Noort, P., « Les déplacements non motorisés : durables mais aussi vulnérables », *Routes-roads*, n° 338, 2ᵉ trim. 2008, pp. 34-43.

BORASI, G., ZARDINI, M. (dir.), *Actions : comment s'approprier la ville*, Montréal, Centre canadien d'architecture, 2008.

BOURDIN, A. (dir.), *Mobilité et écologie urbaine*, Paris, Éditions Descartes & Cie, 2007.

CASTELLS, M., *La société en réseaux*, Paris, Fayard, 1998.

DAVILA, T., *Marcher, créer, déplacements, flâneries, dérives dans l'art de la fin du XXᵉ siècle*, Paris, Éditions du regard, 2002.

DUCHÊNE, C., PRÉVOST, F., « Mobilité durable : quelles places respectives pour la route et pour les autres modes ? », *Infrastructures et mobilité*, n° 75, février 2008, pp. 14-16.

DUHEM, B., ORFEUIL, J.-P., « Peut-on freiner la mobilité ? », *Infrastructures et mobilité*, n° 74, janvier 2008, pp. 13-16.

HAMILTON-BAILLIE, B., « Shared Space : Reconciling People, Places and Traffic », *Built Environment*, vol 34, n° 2, may 2008.

JACOBS, J., *Déclin et survie des grandes villes américaines*, Liège, Mardaga, 1961.

JANIN, J.-F., « La mobilité durable, une nouvelle ambition européenne pour les systèmes de transports intelligents », *Transport environnement circulation*, n° 199, septembre 2008, pp. 55-59.

KAPLAN, D., MARZLOFF, B., *Pour une mobilité plus libre et plus durable*, Limoges, Fyp éditions, 2008.

LAFONT, J. (éd.), « Mobilité urbaine durable », *Transport environnement circulation*, n° 198, 2008, pp. 2-86.

LE BRETON, E., *Bouger pour s'en sortir, mobilité quotidienne et intégration sociale*, Paris, Armand Colin, 2005.

LÉVY, J., « Ville pédestre, ville rapide », *Urbanisme*, n° 359, mars-avril 2008, pp. 57-59.

MAGNAGHI, A., *Le projet local*, Sprimont, Mardaga, 2003.

Mémoires instituées, mémoires à l'œuvre, les lieux et les gens dans le devenir des villes, actes du séminaire interministériel de janvier 2004 à l'Écomusée du Creusot-Montceau.

MORVAN, S., « La mobilité au centre des enjeux », *Environnement et technique*, n° 274, mars 2008, pp. 57-59.

ROGERS, R., GUMUCHDJIAN, P., *Des villes durables pour une petite planète*, Paris, Le Moniteur, 2008.

ROSA, H., *Accélération, une critique sociale du temps*, Paris, Éditions La Découverte, 2010.

VIRILIO, P., « Les révolutions de la vitesse », in *La vitesse*, catalogue d'exposition de la fondation Cartier, Paris, Flammarion, 1991.